高职高专电子信息类"十三五"课改规划教材

电路基础
及其基本技能实训

（第二版）

主编　冉莉莉
参编　龚汉东

U0378050

西安电子科技大学出版社

内 容 简 介

本书主要分为电路的基本概念和定律、电路的基本分析方法、正弦交流电路、线性电路的暂态分析、综合技能实训等五章并附有练习题答案。各章均采取适当的情境导入来驱动教学内容的展开，从而加深对知识点的理解与应用。编者试图做到深入浅出、理论与实践相结合，并将有关的电子测量与仪器仪表的使用、元器件知识、实操实训等内容融入书中。本书的主要特点是：基本概念讲述透彻，重点突出；示例实用性强；实操侧重于仪器仪表的使用；实训内容工学结合，可操作性强。

本书可作为高职高专电子、通信类等专业的电路分析基础课程的教材，对从事弱电专业的工程技术人员亦具有参考价值。

★本书配有电子教案，需要者可登录出版社网站，免费下载。

图书在版编目（CIP）数据

电路基础及其基本技能实训/冉莉莉主编. －2 版.
—西安：西安电子科技大学出版社，2017.10(2019.7 重印)
高职高专电子信息类"十三五"课改规划教材
ISBN 978 - 7 - 5606 - 4630 - 5

Ⅰ. ① 电… Ⅱ. ① 冉… Ⅲ. ① 电路理论－高等职业教育－教材 Ⅳ. ① TM13

中国版本图书馆 CIP 数据核字（2017）第 166356 号

策划编辑	毛红兵
责任编辑	张晓燕
出版发行	西安电子科技大学出版社(西安市太白南路 2 号)
电　　话	(029)88242885　88201467　　邮　编　710071
网　　址	www.xduph.com　　　电子邮箱　xdupfxb001@163.com
经　　销	新华书店
印刷单位	陕西日报社
版　　次	2017 年 10 月第 2 版　　2019 年 7 月第 6 次印刷
开　　本	787 毫米×1092 毫米　1/16　印张 12
字　　数	278 千字
印　　数	12 501～15 500 册
定　　价	28.00 元

ISBN 978 - 7 - 5606 - 4630 - 5/TM

XDUP 4922002 - 6

＊＊＊如有印装问题可调换＊＊＊

前　言

　　本书是在《电路基础及其基本技能实训》的基础上改版而成的，做了进一步的纠错和完善，并附上练习题答案。该书根据高职教育的发展要求，结合电子、信息类专业群对电路课程的需求，以及近几年高职学生的实际情况编写而成，试图做到"感性认识→知识→能力"的层层递进。本书根据其为专业基础课的特点，虽仍以电路的基本概念、基本知识和基本分析计算方法为主线，但强调了基础知识的应用能力、学生的动手能力，将理论与实践相结合。

　　本书具有如下特色：

　　(1) 采取适当的情境(或问题)导入，驱动教学内容的展开和对知识点的理解与应用(关于"知识点的理解"例如"情境 4"；关于"知识的应用"例如"情境 6"；同时具有"理解和应用"的例如"情境 10")。

　　(2) 实操部分侧重于仪表仪器的使用和电量的测量。综合实训部分旨在培养学生具有识读电路图、识别和检测电气元件、焊接、安装、电路故障排查、仪器仪表调校等综合技能。仪表校验部分增加了 MF47A 型万用表，以供读者选用。

　　(3) 理论学习本着"必需"、"够用"的原则，力求深入浅出地将重要的和实用的问题阐述透彻，引入了形象的图形和与实际应用贴近的例题，着重介绍实用的分析计算方法和与后续课程以及工程技术紧密联系的例题与练习。

　　本书力求为学生学习后续课程和今后的实际工作打好扎实的理论基础，并使其具备一定的实践能力。书中标有"＊"号的内容供参考学习。

　　本书教学参考学时为 62～96 学时，综合技能实训独立学时为一周时间。

　　由于编者水平有限，书中难免存在疏漏之处，恳请读者批评指正。

编　者

2017 年 6 月

于深圳信息职业技术学院

第 一 版 前 言

　　本书根据高职教育的发展要求,结合电子、信息类专业群对电路课程的需求,以及近几年高职学生的实际情况编写而成,试图做到"感性认识→知识→能力"的层层递进。本书根据其为专业基础课的特点,虽仍以电路的基本概念、基本知识和基本分析计算方法为主线,但强调了基础知识的应用能力、学生的动手能力,将理论与实践相结合。

　　本书具有如下特色:

　　(1) 采取适当的情境(或问题)导入,驱动教学内容的展开和对知识点的理解与应用(关于"知识点的理解"例如"情境4";关于"知识的应用"例如"情境6";同时具有"理解和应用"的例如"情境10")。

　　(2) 实操部分侧重于仪表仪器的使用和电量的测量。综合实训部分旨在培养学生具有识读电路图、识别和检测电气元件、焊接、安装、电路故障排查、仪器仪表调校等综合技能。

　　(3) 理论学习本着"必需"、"够用"的原则,力求深入浅出地将重要的和实用的问题阐述透彻,引入了形象的图形和与实际应用贴近的例题,着重介绍实用的分析计算方法和与后续课程以及工程技术紧密联系的例题与练习。

　　本书力求为学生学习后续课程和今后的实际工作打好扎实的理论基础,并使其具备一定的实践经验。书中标有"＊"号的内容供参考学习。

　　本书教学参考学时为 52～78 学时,综合技能实训独立学时为一周时间。

　　由于编者水平有限,书中难免存在疏漏之处,恳请读者批评指正。

编　者

2012 年 5 月

于深圳信息职业技术学院

目　录

第1章

电路的基本概念和定律

> **本**章主要内容：电路的基本概念；理想元件（线性电阻、线性电感、线性电容、理想电压源和理想电流源）的伏安特性（包括欧姆定律）以及反映元件与元件之间约束关系的基尔霍夫定律。
>
> 　　在技能知识与操作方面，介绍实际电阻、电感、电容元件，以及电流、电压、电阻等量的测量，电流表、电压表、万用表和电源的使用等。

1.1　电路模型及电路构成

　　实际电路都是由各种电路元器件，如电阻器、电容器、线圈、变压器、晶体管、集成电路、电源等相互连接组成的。电路是为电流流通提供通路的总体。电路的作用，或是实现信号的传递、交换、控制、放大等，如扩音器电路；或是实现电能的传输和转换，如电力系统电路。

［情境1］　手电筒电路

　　我们日常生活中所用的手电筒就是一个最简单的电路，如图1.1所示。它由干电池（属于电源，这里是内阻为 R_0 的电压源）、小灯泡（属于负载）、开关和连接导线（属于中间环节）构成。

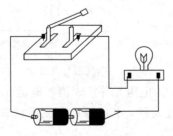

图1.1　手电筒实际电路

1.1.1　电路构成

　　虽然各种电路的功能和组成不同，但它们都是由最基本的三部分构成的：
　　(1) 电源（或信号源）——提供电能或信号的装置。
　　(2) 负载——使用电能或电信号的设备。
　　(3) 中间环节——连接电源和负载，起着传输、变换、放大和控制电能的作用。

1.1.2　电路模型

实际电路中的元件虽然种类繁多，但可根据其电磁特性分为几大类。为了便于对电路进行分析和计算，我们常把实际的元件近似化、理想化，在一定的条件下忽略其次要性质，用足以表征其主要特征的模型来表示，即用理想元件来表示。比如电灯、电炉、电烙铁和各种电阻器等，它们的主要特征是消耗电能，在它们内部进行着把电能转换成热能、光能等不可逆的过程，这样，在频率不高的电路中，这些元器件都可以用理想的"电阻元件"来近似表示。

同样，在一定的条件下，线圈可以用理想的"电感元件"模型来近似表示，电容器可以用理想的"电容元件"模型来近似表示。另外，电源或信号源可以用电压源和电流源两种模型来近似表示。

电路分析中常用的主要理想元件符号如图 1.2 所示。

图 1.2　常用的理想元件符号

电路模型就是由若干个理想元件，按一定规则，用理想的导线连接起来的电流通路。如图 1.3(b)所示的电路为手电筒电路模型，电灯用电阻元件表示，电池用理想电压源串联电阻来表示。再次强调，本课程所研究的对象是电路模型（简称电路），而不是实际电路。

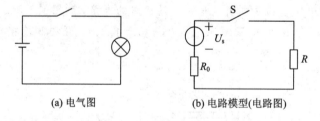

图 1.3　电气图与电路图

如果我们从能量方式来看，则电阻元件代表消耗电能元件，电容元件（储存电场能）和电感元件（储存电磁能）代表储能元件，电压源和电流源代表提供电能（或提供电子电路中的信号源）的电源元件。

1.2　电路的主要物理量

［情境 2］　电路与水路的类比

在介绍电路中的物理量之前，为了便于理解，仍以手电筒电路为例，将电路与水路进行类比(见表 1.1),由此引入电流、电位、电压、电源等概念。

表 1.1　电路与水路的类比

水　路	电　路
水管:水流的通道,管子越粗,允许流过的水流量越大	导线:电流的通道,导线越粗,允许流过的电流越大
水的自然流向:从高位流到低位	流经电阻(如灯泡)的电流流向:从高电位流向低电位
阀门:控制水流通断	开关:控制电流通断
龙头用水:消耗水	灯泡:消耗电能
水泵:将水从低位抽到高位	电源:将电流从低电位送到高电位
水位差形成水压	电位差形成电压

1.2.1　电流

1. 电流

电荷的定向移动形成电流。电流的大小是用电流强度来描述的:单位时间内通过某一导体横截面的电荷量称为电流强度(简称电流),即

$$i = \frac{\mathrm{d}q}{\mathrm{d}t} \tag{1-1}$$

式(1-1)表示电流强度 i 的大小为在时间 $\mathrm{d}t$ 内通过导体横截面的电荷量 $\mathrm{d}q$。这里电流 i 是时间的函数。电流主要分为两类:一类为大小和方向都不随时间改变的电流,称为直流电流,用大写字母 I 表示("直流"常用 DC(direct current)表示),所以直流电流的大小可表示为

$$I = \frac{Q}{t} \tag{1-2}$$

式(1-2)表示电流强度 I 的大小为单位时间通过导体横截面的电荷量 Q。我们用图 1.4 来形象描述电流的大小(假设用电荷的数量来表示电流的大小),显然图(a)中的电流 I_1 大于图(b)中的电流 I_2。

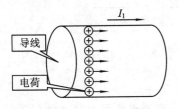

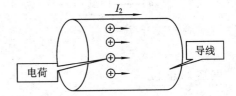

(a) 单位时间通过的电荷数量较多　　　　　(b) 单位时间通过的电荷数量较少

图 1.4　用电荷数量描述电流大小($I_1 > I_2$)

另一类电流的大小和方向都随时间的改变而改变,称为变动电流,用小写字母符号 i 表示。若变动电流在一个周期内电流的平均值为零,则称其为交流电流("交流"常用 AC (alternating current)表示),如正弦波、方波、锯齿波、三角波等均为交流电。

2. 电流的单位

电流是一个物理量，是电路的基本参数。按国际单位制(SI)单位，电流的单位是安培，符号为 A，它表示 1 秒(s)内通过导体横截面的电荷为 1 库仑(C)。计量微小电流时，以毫安(mA)或微安(μA)为电流单位，其换算关系为

$$1 \text{ A} = 10^3 \text{ mA} = 10^6 \text{ μA}$$

3. 电流的方向

电流是有方向的。习惯上规定正电荷运动的方向为电流的实际方向，如图 1.5 所示。

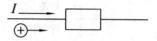

图 1.5 电流及其方向示意图

由于在分析复杂的电路时难以事先判断某支路中电流的实际方向，因此，引入电流参考方向的概念。参考方向可以任意选定。在分析计算电路时，应选定电流参考方向。电流的参考方向如图 1.6 所示。当电流的参考方向与实际方向一致时，电流的值为正；当电流的参考方向与实际方向相反时，电流的值为负。这样，在选定电流参考方向的前提下，根据电流值的正、负，可判断出电流的实际方向。显然，在未标示电流参考方向的情况下，计算或谈论电流的正负是毫无意义的。

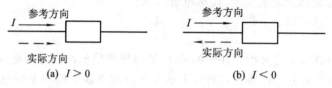

(a) $I > 0$　　　　　　　　　(b) $I < 0$

图 1.6 电流的参考方向

课堂练习：如图 1.7 所示，电路中电流参考方向已选定。已知 $I_a = 10$ A，$I_b = -10$ A，$I_c = 5$ A，$I_d = -5$ A，指出每条支路电流的实际方向。

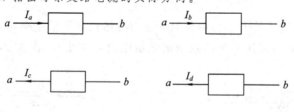

图 1.7 课堂练习

1.2.2　电压与电位

电路分析中用到的另一个电路的基本参数是电压。直流电压用大写字母 U 表示，交流电压用小写字母 u 表示。

1. 电压的定义

电路中 a、b 两点间的电压等于单位正电荷由 a 点移动到 b 点时所做的功(即所失去或获得的能量)。电压的图形表示如图 1.8 所示，其定义式为

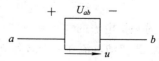

图 1.8 电压的图形表示

$$U_{ab} = \frac{\mathrm{d}w}{\mathrm{d}q} \tag{1-3}$$

在式(1-3)中，$\mathrm{d}q$ 为由电路元件的 a 端移动到 b 端的电荷量，$\mathrm{d}w$ 为移动过程中电荷 $\mathrm{d}q$ 所失去或获得的能量。

电压的大小可以用图 1.9 来形容，假设用电荷的大小来形容电荷能量的多少，显然图 1.9(a)中电荷 $\mathrm{d}q$ 从 a 处经过电路中的电阻元件后移到 b 处，电荷变小了，说明失去了一部分能量 $\mathrm{d}w$。单位电荷能量的减少量就是电压 U_{ab}，显然减少的能量越多，说明这两点间的电压就越大，在这里 a 处的能量高些，称其电位较高；b 处的能量低些，称其电位较低，即电位 $U_a > U_b$。在图 1.9(b)中，电荷 $\mathrm{d}q$ 从 a 处经过电源元件后移到 b 处，电荷变大了，说明其获得能量 $\mathrm{d}w$，则 $U_a < U_b$，这时单位电荷能量的获得量就是电源电压 U_s。注意，在同一个支路里，电荷的数量并没有改变，故电流不变。

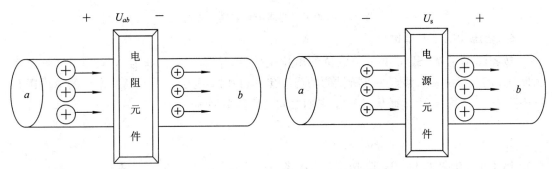

(a) 电压降(单位电荷失去能量)$U_a > U_b$　　　　(b) 电压升(单位电荷获得能量)$U_a < U_b$

图 1.9　用电荷大小形容电位高低

2. 电压的方向

当电场力作功时，电压的实际方向就是正电荷在电场中受电场力作用移动的方向，见图 1.8 或图 1.9。对电压的实际方向，习惯上在电位高(即能量高)的端点标"+"，称为正极；在电位低(即能量低)的端点标"−"，称为负极。

如果电压的大小和方向不随时间变化，称其为直流电压，用大写字母 U 表示。

3. 电位

如图 1.11 所示，在电路中任选一点 o 为参考点，该点用符号"⊥"标出(亦称为"接地")，则某点(如 a 点)到参考点 o 的电压就叫做这一点的电位 φ_a(或 U_a)，即

$$电位\ \varphi_a = U_{ao} \qquad 点\ o\ 电位\ \varphi_o = 0(\mathrm{V}) \tag{1-4}$$

参考点的电位是零电位。电路中某点的电位反映了该点单位正电荷的相对电势能的大小。

如图 1.8 所示，设 a 点的电位为 U_a(或 φ_a)，b 点的电位为 U_b(或 φ_b)，则 a、b 之间的电压为

$$U_{ab} = U_a - U_b$$

两点间的电压，就是该两点间的电位之差，故电压也叫电位差。

4. 电压的参考方向

和电流一样，因为不能事先判断元件或支路中某两端电压的实际方向，故我们可以任意选定一个方向为电压的参考方向，如图 1.10 所示。当标注的电压的参考方向与它的实际

方向一致时，电压值为正；当标注的电压的参考方向与它的实际方向相反时，电压值为负。

有时还用双下标来表示电压的参考方向，见式(1-3)的 U_{ab}。如图 1.10(a)所示，电压 U_{ab} 表示电压的参考方向是：a 为假想的高电位，b 为假想的低电位。电压的实际方向是客观存在的，它不因该电压的参考方向的不同而改变，所以 $U_{ab} = -U_{ba}$。显然，不设定电压的参考方向，谈论电压的正负也是没有意义的。也有的书中用箭头表示电压的参考方向，如图 1.8 箭头所示。

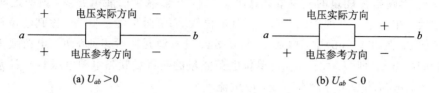

(a) $U_{ab} > 0$ 　　　　　　　　　　　　　(b) $U_{ab} < 0$

图 1.10 　电压的参考方向与实际方向

5. 电压和电位的单位

按国际单位制(SI)，电压和电位的单位是伏特，简称伏，用符号 V 表示。电场力将 1 库(C)正电荷由 a 点移至 b 点所做的功为 1 焦耳(J)时，电压 $U_{ab} = 1$ V。常用的单位还有千伏(kV)、毫伏(mV)、微伏(μV)，它们之间的换算关系为

$$1 \text{ V} = 10^3 \text{ mV} = 10^6 \text{ } \mu\text{V}$$

$$1 \text{ kV} = 10^3 \text{ V}$$

例 1.1 在图 1.11 中，选取 o 点为参考点。已知 $U_{do} = U_s = 10$ V，$\varphi_a = 7$ V，$\varphi_c = 2$ V。求：φ_b、φ_d、U_{bc}、U_{ad}、U_{da} 的值。

解　因为 a 点与 b 点是等电位点，所以

$$\varphi_b = \varphi_a = 7 \text{ (V)} \qquad \varphi_d = U_{do} = 10 \text{ (V)}$$

$$U_{bc} = \varphi_b - \varphi_c = 7 - 2 = 5 \text{ (V)}$$

$$U_{ad} = \varphi_a - \varphi_d = 7 - 10 = -3 \text{ (V)}$$

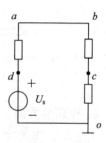

图 1.11 　例 1.1 图

U_{ad} 为负值，说明参考方向与实际方向相反，端点 d 的电位高于端点 a 的电位，因此

$$U_{da} = -U_{ad} = -(-3 \text{ V}) = 3 \text{ (V)}$$

如果选取 c 点为参考点，那么：

$$\varphi_c = 0 \text{ (V)}, \quad \varphi_o = U_{oc} = -U_{co} = -2 \text{ (V)}$$

$$\varphi_a = \varphi_b = U_{bc} = 5 \text{ (V)}, \quad \varphi_d = U_s + U_{0c} = 10 - 2 = 8 \text{ (V)}$$

$$U_{bc} = \varphi_b - \varphi_c = 5 - 0 = 5 \text{ (V)}, \quad U_{ad} = \varphi_a - \varphi_d = 5 - 8 = -3 \text{ (V)}$$

$$U_{da} = -U_{ad} = 3 \text{ (V)}$$

显然，参考点位置改变，每点的电位也会随之改变，但电压(电位差)却不会随参考点位置的改变而改变，即电压值不变。

1.2.3 　电流与电压的参考方向关系

电流、电压的参考方向是可以任意选择的，因而有两种不同的组合，如图 1.12 所示。

对于一个元件或一段电路，其电流、电压的参考方向一致是指电流从电压正极性的一端流入，并从电压负极性的一端流出，如图 1.12(a)所示，称其为关联参考方向（简称关联方向）；反之，如图 1.12(b)所示，称为非关联参考方向（简称非关联方向）。通常情况下，对于非电源元件我们尽量采用关联参考方向来标注。

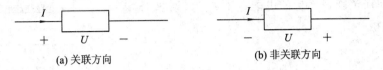

(a) 关联方向　　　　　　　　(b) 非关联方向

图 1.12　电流、电压的关联与非关联参考方向

1.2.4　电功率

[情境 3]　灯泡的亮度问题

如图 1.13 所示，大家知道选择同一类型的灯泡，要灯泡更亮，就要选择瓦数较大的，如 40 瓦的灯比 20 瓦的亮，说明 40 瓦的灯比 20 瓦的消耗能量更快，这里的瓦数指的就是电功率。

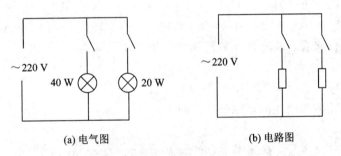

(a) 电气图　　　　　　　　(b) 电路图

图 1.13　灯泡亮度分析

电功率（简称功率），是电路分析中常用到的一个复合物理量。功率反映电路中某一元件（或某一段）所吸收或产生能量的速率。显然有的元件消耗功率，如白炽灯属电阻元件消耗功率，瓦数大的灯消耗电能大，产生光能也大；而有的元件产生功率，如电池属电压源（或电流源）产生功率。功率用符号 p 来表示。

设在 dt 时间内，正电荷 dq 从电路元件的电压正极经元件移到电压负极，若元件上的电压为 u，则电场付出的能量（即电场力移动电荷作功）为

$$\mathrm{d}w = u\,\mathrm{d}q$$

电功率 p 是电能对时间的变化率：

$$p = \frac{\mathrm{d}w}{\mathrm{d}t} = u\frac{\mathrm{d}q}{\mathrm{d}t} = ui$$

即功率的计算公式为

$$p = iu \tag{1-5}$$

对于直流电路

$$P = IU$$

当电流用单位"安"（A）、电压用单位"伏"（V）时，功率的单位为"瓦特"W（简称"瓦"），较大功率可用千瓦（kW）表示，$1\ kW = 10^3\ W$。

当某元件或某段电路从时刻 0 秒开始用电，到时刻 t 止，这段时间所消耗或产生的电能量 w 应为（见图 1.14（a）阴影的面积）

$$w = \int_0^t p\ \mathrm{d}t$$

对于直流电路（见图 1.14（b）阴影的面积）

$$W = Pt = IUt \qquad (1-6)$$

当功率单位为瓦（W）、时间为秒（s）时，电能的单位为焦耳（J），有时也用"度"表示：

$$1\ 度 = 1\ 千瓦 \cdot 小时$$

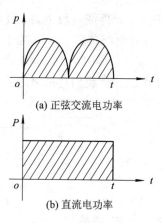

(a) 正弦交流电功率

(b) 直流电功率

图 1.14 功率示意图

例 1.2 如图 1.15 所示的简单电路，已知回路电流 $I = 2\ A$，电源电压 $U_s = 10\ V$。计算电阻和电压源的功率。

解 从电阻元件来看，电流与电阻两端的电压为关联参考方向，电阻消耗的功率为

$$P_R = IU_s = 2 \times 10 = 20\ (W)$$

从电压源元件来看，电流与电源两端的电压为非关联方向，电压源产生的功率为

$$P_s = IU_s = 2 \times 10 = 20\ (W)$$

可见电路产生的功率和消耗的功率是平衡的。

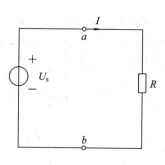

图 1.15 例 1.2 图

1.3 电阻元件和欧姆定律

1.3.1 电阻元件

1. 电阻与电阻元件

电阻元件是构成电路的基本单元，是经科学抽象定义的一种理想电路元件。电荷在电场力作用下作定向运动可能会受到阻碍作用，这种对电流起阻碍作用的物体即为正电阻。这种阻碍作用会消耗电能，将电能转换成热能、光能等能量，而且此过程不可逆。我们用"电阻元件"即正电阻来代表消耗电能的理想元件，用符号 R 表示，当电流的单位为安培（A）、电压的单位为伏特（V）时，电阻的单位是欧姆（Ω）。对于阻值大的电阻，电阻的单位还可用千欧（kΩ）和兆欧（MΩ）表示，它们之间的换算关系是：$1\ M\Omega = 10^3\ k\Omega = 10^6\ \Omega$。

2. 线性电阻

如图 1.16（a）所示，当通过电阻的电流或加在电阻两端的电压发生变化时，电阻的阻值 R 恒定不变。换句话说，当某元件制作好后，其电阻值在电路中是常数，则称该电阻为线性电阻。元件端电压与流经它的电流之间的关系称为伏安关系，也叫伏安特性。线性电阻的伏安特性如图 1.16（b）所示。显然，线性电阻的伏安特性是一条通过原点的直线。线

性电阻具有双向性，即电阻的两个端钮没有任何区别，没有正负极性之分。

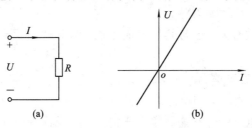

图 1.16　线性电阻的伏安特性

3. 非线性电阻

有的元件其电阻的阻值随着电流或电压的变化而变化，电阻 R 不是常数，这样的电阻称为非线性电阻。例如二极管，其伏安特性是一条曲线。

1.3.2　欧姆定律

1. 欧姆定律

欧姆定律反映了线性电阻元件的伏安关系，见图 1.16(b)和式(1-7)（或式(1-8)）。线性电阻的电压与电流之间的函数关系是过原点的线性直线方程，电阻 R 为该直线方程的斜率。电阻作为消耗电能的元件，总是电场力做功，故实际的电流方向总是从高电位端流向低电位端，即"实际的电流方向与电压方向一致——成关联方向"。

当电阻元件的电压和电流取关联参考方向时，见图 1.16(a)，根据图 1.16(b)可得欧姆定律表达为

$$u = R \cdot i \qquad 或 \qquad i = \frac{u}{R} \tag{1-7}$$

电阻元件的电压和电流取非关联参考方向时，欧姆定律表达为

$$u = -R \cdot i \qquad 或 \qquad i = -\frac{u}{R} \tag{1-8}$$

在运用欧姆定律时要注意两个问题：

① 欧姆定律中 R 是常量，即欧姆定律是线性电阻的伏安特性；

② 使用欧姆定律公式，要注意电阻元件的端电压与流过它的电流的参考方向是否关联。非关联时，公式前要加负号。

2. 电导

电阻的倒数称为电导 G。当电阻的单位为欧姆（Ω）时，电导的单位为西门子（S），即

$$G = \frac{1}{R} \tag{1-9}$$

电导在后面的学习如并联电路的计算中要用到。

通常，我们分析的电路图（电路模型）中的导线是理想导线，其电阻为零。但在实际应用中，我们应了解物质的材质和形状对电阻大小的影响，如长直金属导体的电阻与哪些因素有关。由实验可知，当温度一定时，电阻 R 可由下式确定：

$$R = \rho \frac{l}{s} \tag{1-10}$$

其中：l——导体的长度，单位 m；

s——导体的截面积，单位 m^2；

ρ——材料的电阻率，单位 $\Omega\cdot m$。

显然，导体的电阻与材质有关，还与其长度成正比，与其截面积成反比。这说明导线越细越长，其电阻越大。

3. 线性电阻的两种特殊情况

图1.17(a)所示为正常的电阻电路。

图1.17(b)所示为电路断开状态，称为开路，此时无论端电压为何值，其电流 I 恒为零。根据欧姆定律 $i=\dfrac{u}{R}=0$，可见 $R=\infty$。

如图1.17(c)所示，电路被短接，称为短路，此时无论端电流为何值，其端电压 U 恒为零。根据欧姆定律 $u=IR=0$，可见 $R=0$。

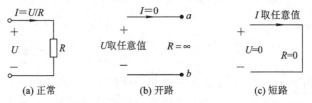

(a) 正常   (b) 开路   (c) 短路

图1.17 电阻的两种特殊情况

注意图1.17(b)，当 u_{ab} 足够大，而开路点 a 与 b 之间的距离较近时，存在电流击穿空气形成电流，如打雷闪电、靠近高压线等情况。

4. 欧姆定律的应用

例1.3 如图1.18所示，已知每个电阻元件的阻值均为 $10\ \Omega$，每个电阻元件上已给出了电压和电流的参考方向。

(1) 求电流 I_1、I_2 和电压 U_3、U_4。

(2) 分析 I_1、I_2、U_3、U_4 的实际方向。

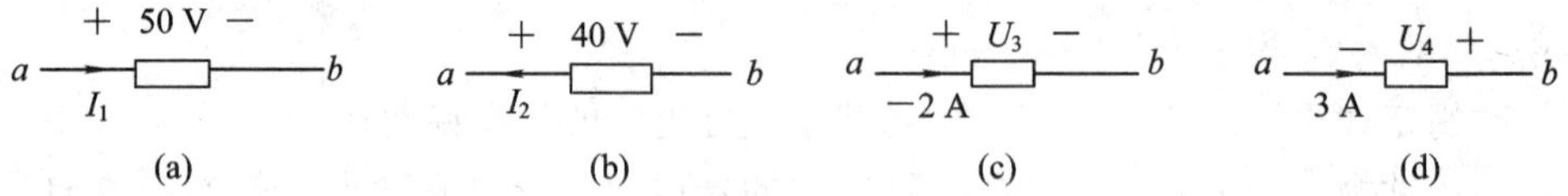

(a)   (b)   (c)   (d)

图1.18 例1.3图

解 对图(a)，因电流电压的参考方向为关联方向，所以

$$I_1=\frac{U}{R}=\frac{50}{10}=5\ (\text{A})$$

结果为正，说明电流 I_1 实际方向与参考方向相同，为由 a 流向 b。

对图(b)，因电流电压的参考方向为非关联方向，所以

$$I_2=-\frac{U}{R}=-\frac{40}{10}=-4\ (\text{A})$$

计算结果为负，电流 I_2 实际方向与参考方向相反，为由 a 流向 b。

对图(c)，因电流电压的参考方向为关联方向，所以

$$U_3=RI=10\cdot(-2)=-20\ (\text{V})$$

计算结果为负，电压 U_3 实际方向与参考方向相反，即 b 端为"+"，a 端为"-"。

对图(d)，因电流电压的参考方向为非关联方向，所以

$$U_4 = -(RI) = -(10 \cdot 3) = -30 \ (\text{V})$$

计算结果为负，电压 U_4 实际方向与参考方向相反，即 a 端为"+"，b 端为"−"。

例 1.4　如图 1.19(a)、(b)所示，已知 a、b 点电位 U_a、U_b，电阻 $R = 30 \ \Omega$，求电压 U_{ab} 和电流 I。

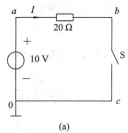

图 1.19　例 1.4 图

解　对图(a)，有

$$U_{ab} = U_a - U_b = 10 - 4 = 6 \ (\text{V})$$

$$I = \frac{U_{ab}}{R} = \frac{6}{30} = 0.2 \ (\text{A})$$

对于图(b)，有

$$U_{ab} = U_a - U_b = -5 - 1 = -6 \ (\text{V})$$

$$I = \frac{U_{ab}}{R} = -\frac{6}{30} = -0.2 \ (\text{A})$$

例 1.5　如图 1.20 所示电路，求开关 S 断开和闭合两种情况时回路中的电流 I，电位 φ_a、φ_b 及电压 U_{ab}、U_{bc}。

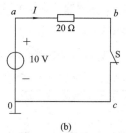

图 1.20　例 1.5 图

解　开关 S 断开时，见图 1.20(a)，仍有 $\varphi_a = 10 \ \text{V}$，回路无电流，即 $I = 0$，故

$$U_{ab} = RI = 20I = 0$$

因此 $\varphi_b = \varphi_a = 10 \ \text{V}$，说明 a 和 b 是等电位点。

又因为 $\varphi_0 = \varphi_c = 0$，所以

$$U_{bc} = \varphi_b - \varphi_c = 10 - 0 = 10 \ (\text{V})$$

开关 S 闭合时，见图 1.20(b)，a 点电位为 $\varphi_a = U_{a0} = 10 \ \text{V}$，回路的电流为

$$I = \frac{U_{ab}}{R} = \frac{U_{a0}}{R} = \frac{10}{20} = 0.5 \ (\text{A})$$

b 点与 c 点接通，b、c、0 为等电位点，即

$$\varphi_b = \varphi_0 = 0 \ (\text{V})$$

故

$$U_{ab} = \varphi_a - \varphi_b = 10 - 0 = 10 \ (\text{V})$$

$$U_{bc} = \varphi_b - \varphi_c = 0 - 0 = 0 \ (\text{V})$$

5. 线性电阻元件的功率

根据式(1-5)和欧姆定律，可得电阻 R 的消耗(吸收)功率为

$$p = ui = Ri^2 = \frac{u^2}{R} \tag{1-11}$$

例 1.6 如图 1.20(b)所示电路，已知 $R=20\ \Omega$，$U=10\ V$，求 I 和电阻消耗的功率。

解 根据欧姆定律得：

$$I = \frac{u}{R} = \frac{10}{20} = 0.5\ (A)$$

再根据式(1-11)得电阻消耗的功率：

$$P = UI = 10 \times 0.5 = 5\ (W)$$

或

$$P = \frac{U^2}{R} = \frac{10^2}{20} = 5\ (W)$$

[**应用思考题**] 前面已介绍过将 40 瓦和 20 瓦的白炽灯都接到电压为 220 V 的电路中时，40 瓦的灯比 20 瓦的亮，请比较这两个灯泡哪个电阻较大。

1.3.3 实际电阻元件介绍

电阻元件是电路元件中应用最广泛的一种，在电子设备中电阻约占元件总数的 30% 以上，其质量的好坏对电路工作的稳定性有极大影响。它的主要用途是稳定和调节电路中的电流和电压，其次还作为分流器、分压器和负载使用。本节介绍几种实际中常用的电阻元件。

1. 电阻的色环标识

电阻的色环由左至右分为三部分：数值色环、倍率色环和误差色环，如图 1.21 所示。其中，数值色环各颜色所表示的数值如下：

棕	红	橙	黄	绿	蓝	紫	灰	白	黑
1	2	3	4	5	6	7	8	9	0

倍率色环所表示的倍乘数的数值也对应以上图表数字，即色环数字 $\times 10^{倍率色环数字}$ 就是该电阻的阻值。倍率色环中，金色环表示倍率为 10^{-1}，银色环表示倍率为 10^{-2}，其余颜色所代表的数值与数值色环相同，如红色表示倍率为 10^2。

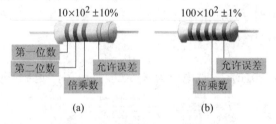

图 1.21 例 1.7 识读电阻阻值

允许误差是指电阻器的实测阻值与标称阻值间的允许最大相对误差。误差色环各颜色所表示的误差如下所示。误差色环标在电阻最右端，距数值色环及倍率色环稍远。

色环颜色	紫色	蓝色	绿色	棕色	红色	金色	银色	无色
误差	±0.1%	±0.2%	±0.5%	±1%	±2%	±5%	±10%	±20%

例 1.7 识读如图 1.21 所示的两个电阻的阻值。

解 图 1.21(a)中，4 个色环依次分别为：棕色、黑色、红色、银色，则其第一位数为 1；第二位数为 0；最后一位(第三位)表示倍乘数，颜色值为 2，表示 10^2；表示误差的色环为银色，则其允许误差为 $\pm10\%$。因此，该电阻阻值为 $10\times10^2=(1000\pm10\%)\Omega$。

图 1.21(b)中，色环依次分别为：棕色、黑色、黑色、红色、棕色，则其第一位数为 1；第二位、三位数均为 0；倍乘数为 10^2；表示误差的色环为棕色，则其允许误差为 $\pm1\%$。因此，该电阻阻值为 $100\times10^2=(10\,000\pm1\%)\Omega$。

2. 几种实际电阻元器件

(1) 碳膜电阻(如图 1.22 所示)。气态碳氢化合物在高温和真空中分解，碳沉积在瓷棒或者瓷管上，形成一层结晶碳膜。改变碳膜厚度和用刻槽的方法变更碳膜的长度，可以得到不同的阻值。碳膜电阻成本较低，性能一般。

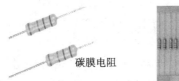
碳膜电阻

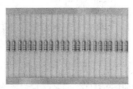
编带碳膜电阻

图 1.22 碳膜电阻

(2) 金属膜电阻(如图 1.23 所示)。在真空中加热合金，合金蒸发，使瓷棒表面形成一层导电金属膜。刻槽和改变金属膜厚度可以控制阻值。这种电阻和碳膜电阻相比，体积小、噪声低、稳定性好，但成本较高。

金属膜电阻

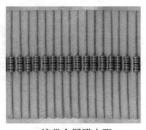
编带金属膜电阻

图 1.23 金属膜电阻

(3) 线绕电阻。这种电阻是用康铜或者镍铬合金电阻丝，在陶瓷骨架上绕制而成的，见图 1.24。这种电阻分固定和可变两种。它的特点是工作稳定，耐热性能好，误差范围小，适用于大功率的场合，额定功率一般在 1 瓦以上。

图 1.24 线绕电阻

（4）碳膜电位器。它的电阻体是在马蹄形的纸胶板上涂上一层碳膜制成的（见图1.25）。它的阻值变化和中间触头位置的关系有直线式、对数式和指数式三种。碳膜电位器有大型、小型几种，有的和开关一起组成带开关电位器。

还有一种直滑式碳膜电位器，它是靠滑动杆在碳膜上滑动来改变阻值的，如图1.26所示。这种电位器调节方便。

图 1.25　碳膜电位器　　　　　　　　　　　　图 1.26　直滑式电位器

（5）贴片电阻。目前电子产品日益小型化，而生产电子产品的设备的自动化程度也越来越高，因此贴片器件在电子行业中占据主要地位。

贴片电阻（SMD Resistor），完整名称为片式固定电阻器（Chip Fixed Resistor），如图1.27所示，是金属玻璃铀电阻器中的一种，是将金属粉和玻璃铀粉混合，采用丝网印刷法印在基板上制成的电阻器。贴片电阻的体积小，重量轻，能用于再流焊与波峰焊。贴片电阻的电性能稳定，可靠性高，装配成本低，并与自动装贴设备匹配；另外，贴片电阻的机械强度高，高频特性优越。

图 1.27　贴片电阻

在贴片电阻上所标示的数字中，最后一位为倍乘数，其余位为阻值有效数字。例如：$470=47\times10^0=47\ \Omega$，$103=10\times10^3=10\ k\Omega$，$224=22\times10^4=220\ k\Omega$。对于小于10欧姆的电阻，用R代表单位为欧姆的电阻的小数点，用m代表单位为毫欧姆的电阻的小数点。例如：$1R0=1.0\ \Omega$，$R20=0.20\ \Omega$，$5R1=5.1\ \Omega$，$R007=0.007\ \Omega=7.0\ m\Omega$，$4\ m7=4.7\ m\Omega$。

3. 电阻的额定功率

在环境温度下，电阻器能长期连续工作的最大功率叫电阻的额定功率。常用电阻器的额定功率有1/16 W、1/8 W、1/4 W、1/2 W、1 W、2 W、5 W、10 W等数种，在电阻器上直接用数字标出。一般小于1/8 W的电阻因体积太小常不标出。

有些电阻的额定功率用符号表示，如表1.2所示。

表 1.2

额定功率数	1/4 W	1/2 W	1 W	2 W	5 W	10 W
额定功率符号	—	—	I	II	V	X

　　特别强调，在选取电阻时一定要考虑电阻器能工作的额定功率，如果所选择的电阻元件的额定功率小了，即使电阻值选择正确，接通电路后仍会发生电阻元件冒烟甚至被烧坏的现象。

4. 电阻的另外一种标记方法

　　有的电阻会在外壳上标记有"型号—额定功率—标称阻值—误差等级"。例如：RT—1—3k3 表示是碳膜电阻，额定功率为 1 W，电阻值为 3.3 kΩ；RXYC—10—100—Ⅰ 表示是耐潮被釉线绕电阻器，额定功率为 10 W，电阻值为 100 Ω，允许误差等级Ⅰ。用数字标记的允许误差等级一般分为±5％（Ⅰ）、±10％（Ⅱ）、±20％（Ⅲ）三级。

1.4　理想电压源和理想电流源

　　电路是由元件连接组成的，各种理想元件都有确定的电压与电流之间的关系，即伏安关系（也叫伏安特性，volt ampere relation，VAR）。这一节我们来讨论理想电源元件及其伏安特性。

　　日常使用的干电池、蓄电池、直流稳压电源等直流电源，有时可近似地用一个直流理想电压源来表示。在实际中使用的电源经过抽象和理想化，可用理想电压源和理想电流源两种理想二端元件来表示。如图 1.3 所示，将电池用理想电压源串联电阻来表示，当 $R_0 \rightarrow 0$ 时，便可用理想电压源表示电池。

1.4.1　理想电压源

　　图 1.28 所示分别为理想电压源的符号及其直流理想电压源的伏安特性曲线。

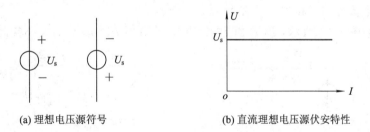

(a) 理想电压源符号　　　　　　　　(b) 直流理想电压源伏安特性

图 1.28　理想电压源

　　直流理想电压源（恒压源）：直流理想电压源的端电压是一个恒定的值，该电压值与通过它的电流无关（即改变它所接的负载大小，该电压值不变）。所以，直流理想电压源的特点是：

　　(1) 它的端电压恒定不变，$U_{ab} = U_s$，见图 1.28（b），与外接电路无关（参见图 1.29（a））。

　　(2) 通过它的电流取决于它所连接的外电路，是可以改变的。

　　(3) 理想电压源内阻为零，即 $r_0 = 0$。

　　推广到一般情况，凡端电压可以按照某给定规律变化而与其电流或负载的变化无关的电源，就称为理想电压源。它的特点是：① 它的端电压 $u_s(t)$ 是一个固定函数，与所接的外电路无关；② 通过它的电流取决于它所连接的外电路，是可以改变的；③ 其内阻为零。

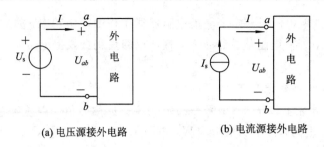

(a) 电压源接外电路 　　　　　　(b) 电流源接外电路

图 1.29　电源及其外接电路

1.4.2　理想电流源

理想电流源的符号和直流理想电流源伏安特性如图 1.30 所示。

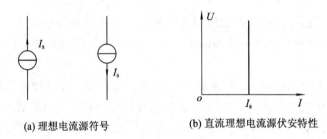

(a) 理想电流源符号 　　　　　　(b) 直流理想电流源伏安特性

图 1.30　理想电流源

直流理想电流源的电流也是一个恒定值，见图 1.30(b)，$I=I_s$。理想电流源的特点是：

(1) 通过电流源的电流是定值，或是一定的时间函数 $i_s(t)$，而与端电压无关。

(2) 电流源的端电压随着与它连接的外电路的不同而不同(见图 1.29(b))。

(3) 理想电流源内阻相当于无穷大，即 $r_0=\infty$。

例 1.8　如图 1.31 所示，当 R 由 50 Ω 换成 25 Ω 时，U_{ab} 及 I 的大小各自怎样变化？

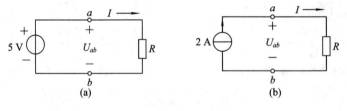

图 1.31　例 1.8 图

解　对图 1.31(a)所示电路，因 U_{ab} 是理想电压源的输出电压，它不会随负载 R 的改变而改变，所以 $U_{ab}=U_s=5$ V，不变。

而电流 I 会随 R 的改变而改变：

当 $R=50$ Ω 时，$I=\dfrac{U}{R}=\dfrac{5}{50}=0.1$（A）

当 $R=25$ Ω 时，$I=\dfrac{U}{R}=\dfrac{5}{25}=0.2$（A）

对图 1.31(b)所示电路，因 I 是理想电流源的输出电流，所以 $I=I_s=2$ A，不变。

而电压 U_{ab} 会随 R 的改变而改变：

当 $R=50\ \Omega$ 时，$U_{ab}=IR=2\times 50=100\ (\text{V})$

当 $R=25\ \Omega$ 时，$U_{ab}=IR=2\times 25=50\ (\text{V})$

例 1.9　求图 1.32 所示电路中的 3 Ω 电阻所消耗的功率。

解　如图 1.32(a)所示，已知 3 Ω 电阻上的电压等于恒压源电压 4 V，这里的恒流源电流的大小不能改变该电阻的端电压，所以该电阻的功率

$$P=\frac{U^2}{R}=\frac{4^2}{3}=5.33\ (\text{W})$$

如图 1.32(b)所示，已知流过 3 Ω 电阻上的电流为 5 A，由恒流源决定，这里的恒压源电压的大小不能改变该电阻的电流，所以该电阻的功率

$$P=I^2R=5^2\times 3=75\ (\text{W})$$

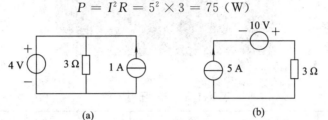

图 1.32　例 1.9 图

实操 1　电流与电压的测量以及稳压电源的使用

一、实操目的

(1) 学会使用数字式直流电压表和直流电流表、可调直流稳压电源。

(2) 掌握电压、电流等电路参数的测量方法。

二、实操仪器和设备

(1) 可调直流稳压电源 1 台。

(2) 数字式直流电压电流表 2 台(或直流电压表、电流表各 1 台)。

(3) 100 Ω 10 W、51 Ω 10 W 电阻各 1 个。

(4) 连接导线若干。

三、数字式电压表和电流表、直流电压源介绍

1. 数字式直流电压电流表的使用

一种常见的数字式直流电压电流表如图 sy1.1 所示，为手动式量程选择的数字表。当今数字表(包括数字万用表)很多都具有"自动"和"手动"量程选择功能。

1) 当电压表使用

作为电压表使用时，将接线端子插入左边 U 的"＋"、"－"两端(见图 sy1.1)，对直流最好将高电位点端接"＋"，低电位点端接"－"，选择(即按下)"电压测量"按键。测量值以数字形式显示。图 sy1.1 中 E1～E4 为电压表的电压量程，电压表量程的具体数值如表 sy1.1 所示。

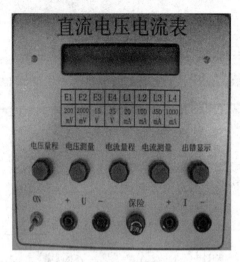

图 sy1.1　直流电压电流表

表 sy1.1　电 压 量 程

标示	E1	E2	E3	E4
量程	200 mV	2000 mV	15 V	35 V

在使用过程中，首先注意量程的更换方法，可通过连续按下"电压量程"按键进行量程的更换。如当电压表使用时，当前量程为 E1(200 mV)，若按下"电压量程"按键，量程将更换为 E2，若再按下"电压量程"按键，则更换为 E3(15 V)，再按就变 E4(35 V)。若当前量程为 E4(35 V)，接着按下"电压量程"按键，量程将回到 E1(200 mV)。值得注意的是在什么情况下必须更换量程呢？如果电压电流表显示的数字闪烁，则表示要重新选择量程。

2) 当电流表使用

作为电流表使用时，将接线端子插入右边 I 的"＋"、"－"两端，选择(即按下)"电流测量"按键。插接时注意电流从"＋"端流进，从"－"端流出。电流表的量程有 L1～L4，具体数值如表 sy1.2 所示。

表 sy1.2　电 流 量 程

标示	L1	L2	L3	L4
量程	20 mA	100 mA	350 mA	1000 mA

在使用过程中，首先注意量程的更换方法：通过连续按下"电流量程"按键进行量程的更换。同样要注意，如果电压电流表显示的数字闪烁，则表示要重新选择量程。

3) 电压或电流的量程选择和接线方式

(1) 量程的选择。应选择与被测量电压、电流尽量接近的量程。若无法估计被测电压、电流的大小，则应选择最大量程(E4、L4)，由大到小进行试测。

(2) 接线方式。测量电压时，将连接导线分别正确连接至电压(U)的"＋"、"－"两个接线柱，此时电压表在被测电路中并联在被测对象(电阻、二极管等器件或其他电路等)的两端。一般使用表笔，把红色表笔接至电压表的"＋"端，黑色表笔接至电压表的"－"端。同时应当正确记录"＋"、"－"导线与被测对象的并联方式：如果"＋"端接高电位端，显示的数字为正，否则为负。

测量电流时，将连接导线分别正确连接至电流(I)的"＋"、"－"两个接线柱，此时电流表应当串联在被测电流的电路支路中。同样，把红色表笔接至电流表的"＋"端，黑色表笔接至电流表的"－"端。同时记录"＋"、"－"导线与被测对象的串联方式：如果电流由"＋"端流入，"－"端流出，则显示的数字为正，否则为负。

（3）切忌用电压表的串联方式测量电压或者用电流表并联方式测量电流。

（4）数字式仪表开始进行测量时，所显示的数值的末位会出现跳数现象，应等显示值稳定之后再进行读数。

2. 直流稳压电源的使用

一种常见的数字直流稳压电源如图 sy1.2 所示。该电源可以稳压输出，也可以稳流输出。其额定输出为(0～30)V/(0～3)A、5 V/3 A。该电源具有两组相同的稳压稳流输出（见图 sy1.2 中的虚线框）。

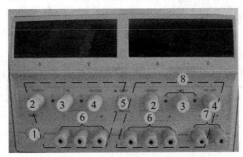

图 sy1.2　数字直流稳压电源

1）旋钮及按键说明（由左至右）

① 电源开关(POWER)键。

② 输出电流调节旋钮(CURRENT)，控制输出电流的大小。

③ 输出微调按钮(FINE)，可以对电源电压输出进行细微调节。

④ 输出电压调节旋钮(VOLTAGE)，控制输出电压的大小。

⑤ 双路电源控制(INDEP、PARALLEL)。按键弹出时，为独立工作状态(INDEP)，双路电源互不影响；当按键按下时，为并联工作状态(PARALLEL)，此时两路电压及电流同时变化。使用并联方式，要将两路电源的正端与正端相连，负端与负端相连，形成唯一一路电源输出，其最大输出电流为两路额定输出电流之和。

⑥ 三个接线柱分别为电源的(0～30)V/(0～3)A 输出端负极"－"、接地"GND"以及正极"＋"。

⑦ 两个接线柱为 5 V/3 A 输出时的"－"端及"＋"端。

⑧ 指示灯分别为稳流(CC)指示灯和稳压(CV)指示灯，灯亮时表示电源工作于稳流或稳压状态。

2）使用方法

（1）作为电压源时，应先将对应的电流调节旋钮 CURRENT 调到最大（通常为顺时针方向调），然后再按下电源开关，调节电压调节旋钮(VOLTAGE 粗调，FINE 微调)，使输出电压达到所需电压值。

（2）作为电流源时，应先将电压调节旋钮调到最大，电流调节旋钮调到最小，电流源接入电路，接通电源开关，然后调节电流调节旋钮，使输出电流达到所需电流值。

四、实操内容与实操步骤

1. 调节直流稳压电源，用直流电压表测量电源的输出电压

采用图 sy1.3 所示的线路接线进行测量。按表 sy1.3 调节直流稳压电源进入稳压状态，调电源的输出电压作为参考电压，用直流电压表测量电源的输出电压，将电压表读数以及测量该电压所用的量程填入表 sy1.3 中。

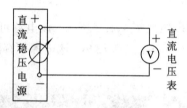

图 sy1.3　测量直流电压的实验电路

表 sy1.3　用直流数字电压表测量电源的输出电压

直流稳压电源输出电压参考值 U_s	0.1 V	1 V	1.5 V	5 V	10 V	25 V
电压表读数						
电压表量程						

2. 调节直流稳压电源，用直流电流表测量电路的回路电流

采用图 sy1.4(a)所示的线路接线进行测量，直流稳压电源仍处于稳压状态。若测量电流在 100 mA 以上，将电阻换成 50 Ω 的（见图 sy1.4(b)），调节直流稳压电源的电压表，使其显示的数值在表 sy1.4 所给出的电压参考值附近，读出直流电流表显示的电流值，填入表 sy1.4，并在表中相应的位置填入电流表测量该电流所用的量程。

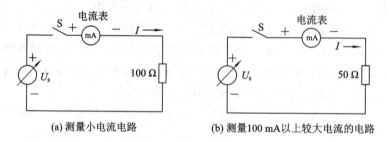

(a) 测量小电流电路　　　　　(b) 测量100 mA以上较大电流的电路

图 sy1.4　测量直流电流电路图

表 sy1.4　用直流电流表测量电路回路的电流

直流稳压电源电压参考值	0.2 V	1 V	3 V	6 V	10 V	15 V
电流表实际读数值						
电流表量程						

五、实验报告要求与思考题

（1）在实验报告中，实验名称、实验器材、实验原理、实验步骤等各项内容齐全。要求画出每个实验的电路连接图和表格，如实、完整记录实验数据。

（2）讨论电压测量与电流测量方法的异同。

1.5　电气测量基本知识

1.5.1　测量的基本概念

电气测量就是利用电气测量仪器仪表对电路中的物理量（如电压、电流、电阻、阻抗、频率等）的数值进行测量，测量结果必须具备两个部分：数值量和单位。数值量包括数的大小及其正负符号，单位是指与所测量的物理量相对应的单位名称。例如：用直流电流表测得某电路支路电流为 3 mA，"3"是数值量，"mA"是单位。如果数值量后面没有相应的单位，这个数值量是没有意义的，不能反映被测量的特性和大小。

测量方法有两种：一种是直接测量法，即利用仪表直接测量出被测参数的大小；另一种是间接测量法，就是按一定的关系式通过对测量参数进行计算得出需测参数的大小，比如已知某电阻为 R，只有电压表，可测得其端电压为 U，则由公式 $I=U/R$ 得到要测的电流 I。

测量科学中要建立测量的单位制，目前，世界上越来越多的国家采用国际单位制（SI），以保证世界范围内物理量测量的统一。SI 单位分为基本单位和导出单位两类。基本单位是七个具有严格定义并在量纲上彼此独立的单位，它们是米（m）、千克（kg）、秒（s）、安培（A）、开尔文（K）、摩尔（mol）和坎德拉（cd）。导出单位是可以按照选定的代数式由基本单位组合构成的单位。

电子测量属于电气测量的范畴，其内容相当广泛，主要包括如下几个方面：

（1）电能量的测量，即测量电流、电压及电功率等。

（2）元件和电路参数的测量，例如电阻、电抗、电感、电容、电子器件、集成电路的测量，电路频率响应、通频带、衰减、增益及品质因数的测量等。

（3）信号特性的测量，例如信号的波形、频率、失真度、相位、调制度、信号频谱及信噪比等的测量。

1.5.2　测量误差的基本概念

测量的目的是为了确定被测对象的量值，尽量准确地获取被测参数的值。一个量在被观测时，该量本身所具有的真实大小称为真值，这里用符号 A_0 表示真值。在实际测量中，由于测量仪器、工具的不准确，测量方法的不完善以及各种因素的影响，测得的值和它的真实值并不完全相同，这就是测量误差。随着科技水平的提高，测量误差可以越来越小，但是不可能降为零，即一切测量结果都有误差。

1. 绝对误差

被测量值 x 与其真值之差，称为绝对误差，用 Δx 表示，即

$$\Delta x = x - A_0 \qquad (1-12)$$

说明：

① 这里的被测量值 x 通常是指正在使用的仪器的测量示值。

② 绝对误差 Δx 是有大小、正负和单位的量。

③ 在实际应用中，常用实际值 A 代替真值，即

$$\Delta x = x - A \qquad (1-13)$$

这里的实际值 A 通常指较高精度等级的标准仪表测量的读数值。比如对于电工仪表，我们采用比测量使用的仪表的精度高两级的仪表作为标准仪表。

④ 与绝对误差的大小相等且符号相反的量值称为修正值，用 C 表示：

$$C = -\Delta x = A - x \qquad (1-14)$$

通常在校准仪器时，常用表格、曲线或公式的形式给出修正值。若测量时得到测量值 x，结合修正值 C 就可求出被测量的实际值：

$$A = x + C$$

2. 相对误差

绝对误差虽然可以表示测量结果偏离实际值的程度和方向，但不能确切地反映测量的准确程度，而用相对误差就可以弥补这种不足。相对误差是绝对误差与真值的比值，用 γ 表示：

$$\gamma = \frac{\Delta x}{A_0} \times 100\% \qquad (1-15)$$

实际相对误差：由于真值难以得到，通常用实际值 A 代替真值 A_0 表示相对误差，则

$$\gamma = \frac{\Delta x}{A} \times 100\% \qquad (1-16)$$

示值相对误差：在误差较小，要求不太严格的场合，作为一种近似计算，也可以用测量值 x 代替真值 A_0 表示相对误差，即

$$\gamma = \frac{\Delta x}{x} \times 100\%$$

3. 引用相对误差

绝对误差与测量仪表量程 x_m 的百分比称为引用相对误差，用 γ_m 表示：

$$\gamma_m = \frac{\Delta x}{x_m} \times 100\% \qquad (1-17)$$

在刻度连续的仪表中，为了计算和划分电表准确度等级（用符号 s 表示），采用引用相对误差。常用的电工指针式仪表的精度 s 分为 0.1 级、0.2 级、0.5 级、1.0 级、1.5 级、2.5 级、5.0 级等七级，分别表示它们的引用相对误差的绝对值不超过的百分比数值，即它们的误差分别不超过 ±0.1%、±0.2%、±0.5%、±1.0%、±1.5%、±2.5%、±5.0%。

若某仪表的精度等级是 s 级，它的满度值为 x_m，被测量的实际值为 A，那么用该表测量的绝对误差为

$$\Delta x \leqslant x_m \cdot s\% \qquad (1-18)$$

测量的相对误差为

$$\gamma \leqslant \frac{x_{\mathrm{m}} \cdot s\%}{A}$$

从上式可看出，当仪表等级 s 选定后，被测量的实际值越接近满度值，测量中的绝对误差和相对误差就越小，测量更准确。因此，在选择使用这类仪表时，应该使被测量显示的数值尽可能地在仪表满刻度的三分之二以上。

例 1.10　估计被测电流 8 mA 左右，现有 2 只电流表：一只量程 10 mA，准确度 $s=1.5$ 级；另一只量程 50 mA，准确度 $s=1.0$ 级。问选择哪一只电流表，测量结果更准确，为什么？

解　因为 $I=8$ mA 左右，对于量程为 $I_{\mathrm{m}}=10$ mA 的电流表，测量的绝对误差为

$$\Delta I_1 \leqslant I_{\mathrm{m}} \cdot s\% = 10 \times 1.5\% = 0.15 \text{ mA}$$

对于量程为 $I_{\mathrm{m}}=50$ mA 的电流表，测量的绝对误差为

$$\Delta I_2 \leqslant I_{\mathrm{m}} \cdot s\% = 50 \times 1.0\% = 0.5 \text{ mA}$$

显然，测量的误差 $\Delta I_1 < \Delta I_2$，所以，测量 8 mA 的电流，选择量程 10 mA、准确度 $s=1.5$ 级的电流表要比量程 50 mA、准确度 $s=1.0$ 级的电流表，测量结果更准确。

1.5.3　电平测量单位

在通信系统的测试过程中，除了电压和功率外，还常用到"电平"这个概念。电信号在传输过程中，有的功率受到损耗而衰减，而有的电信号经过放大后功率也会被放大。计量传输过程中这种功率的减少或增加的单位叫做传输单位，常用"电平"（单位为分贝（dB））表示。电平用电压或功率与某一个电压或功率基准量之比的对数来表征所测信号的大小，对数来表征信号强弱符合人耳的感知状态。

功率之比的对数定义为电平度量单位：

$$\lg \frac{P_1}{P_2}$$

若 $P_1=10P_2$，则有

$$\lg \frac{P_1}{P_2} = \lg 10 = 1$$

这个无量纲的数 1 叫做 1 贝尔（Bel）。在实际应用中，贝尔太大，一般均采用分贝（dB）来度量，1 Bel=10 dB。由

$$\frac{P_1}{P_2} = \frac{U_1^2}{U_2^2}$$

所以

$$10 \lg \frac{P_1}{P_2} = 20 \lg \frac{U_1}{U_2} \tag{1-19}$$

上式为相对电平，信号电平的高低意味着电信号的强弱。设 P_2 或 U_2 为参考电量，当电量 P_1 或 U_1 等于参考电量时，为零分贝；大于参考电量时，为正的分贝数；小于参考电量时，为负的分贝数。

若 P_2 和 U_2 为基准量 P_0 和 U_0，则该电平定义为绝对电平。

当信号源的输出阻抗等于外接负载阻抗时（阻抗匹配），定义功率电平为

$$P_w = 10 \lg \frac{P_x}{P_0} \text{ (dB)}$$

定义电压电平为

$$P_v = 20 \lg \frac{U_x}{U_0} \text{ (dB)}$$

式中：P_x——负载吸取的功率；

$\quad\ U_x$——负载两端的电压（正弦有效值）；

$\quad\ P_0$，U_0——基准量。

电信技术中常将 $P_0 = 1$ mW 定义为零功率电平，将 $U_0 = 0.775$ V 定义为零电压电平。大多数信号源尤其是电平振荡器中都采用这一定义。比如通常规定 600 Ω 负载上输出 1 mW 功率作为零功率电平，此时负载零电压为

$$U_0 = \sqrt{PR} = \sqrt{0.001 \times 600} = 0.775 \text{ V}$$

有了零电平电压，那么任何一个电压对应的绝对电平分贝值都可以求出来，这样，电平的测量可以通过电压的测量来实现。在万用表中，电平分贝刻度是与交流电压最低挡相对应的。国产万用表交流电压最低挡多为 10 V（即 $U_{m0} = 10$ V），称之为基准挡，所以这一挡的刻度尺上 0.775 V 刻度线对应的电平就是 0 dB 刻度线，即 $U_0 = 0.775$ V。由

$$\text{基准挡电平分贝数} = 20 \lg \frac{U}{U_0} \qquad (1-20)$$

可算出 7.75 V 对应的是 20 dB，0.245 V 对应的是 −10 dB。

电平（分贝）量程扩大（以基准挡 10 V 为例，设 U 为基准挡读数），比如用交流 50 V 挡测量，电压 U 对应的电平实际分贝数为

$$20 \lg \frac{50}{10} + 20 \lg \frac{U}{U_0} = \text{附加分贝数} + \text{基准挡分贝读数}$$

其中，附加分贝数为

$$20 \lg \frac{U_{mx}}{U_{m0}}$$

式中：U_{mx}——测量用量程挡位；

$\quad\ U_{m0}$——基准量程挡位，一般 $U_{m0} = 10$ V。

因此，如果用基准挡为 10 V 的万用表测电平，现使用交流 50 V 挡测量，表显示的电压读数为 7.75 V，基准电压挡对应的电平是 20 dB，那么交流 50V 测量挡对应的电平实际分贝数为

$$20 \lg \frac{50}{10} + 20 \lg \frac{U}{0.775} = 14 + 20 = 34 \text{ (dB)} \qquad (1-21)$$

实操 2　万用表的使用及电阻元件伏安特性测试

一、实操目的

（1）学会使用万用表。

（2）通过对线性电阻的伏安特性进行测量，准确认识欧姆定律。

二、实操仪器和设备

（1）可调直流稳压电源 1 台。

（2）磁电式（模拟）万用表 1 只，数字式万用表（或数字式电压表）1 只。

（3）电阻箱 1 台（或标示值为 20 Ω、30 Ω、300 Ω、200 Ω、3 kΩ、2 kΩ、47 kΩ、30 kΩ、100 kΩ、250 kΩ 的电阻元件各 1 只）。

（4）电阻（100 Ω）1 只。

三、万用表的使用

1. 磁电式万用表

1）表头

指针式（也叫模拟式）万用表的表头一般采用磁电系测量机构，其测量原理是：线圈通入电流 I →电磁力 F →线圈受到转矩 T →线圈和指针转动，指针的偏转角

$$\alpha = kI$$

显然，指针偏转的角度与流经线圈的电流成正比，是线性关系，所以显示的测量电流和电压在仪表的标度尺上作均匀刻度。由于万用表是多用途仪表，测量各种不同电量时都合用一个表头，所以在标度盘上有几条标度尺，使用时要根据不同的测量对象进行相应的读数，详见图 sy2.1、图 sy2.2。

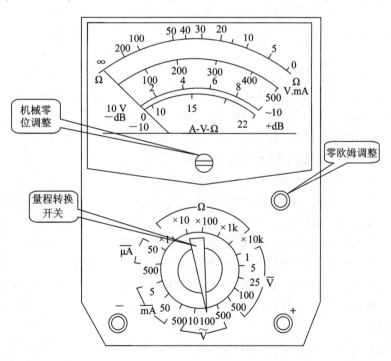

图 sy2.1　MF—30 型万用表的面板图

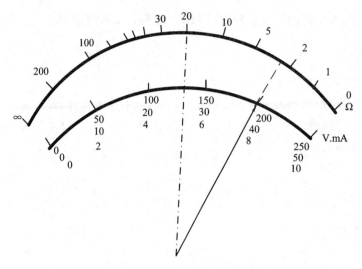

图 sy2.2　模拟式万用表刻度盘部分内容

测量电阻时，通过外加电池在万用表中产生电流导致指针转动，电阻的大小与电流成反比，为非线性关系，所以电阻的指示刻度不均匀。当被测电阻 $R=\infty$ 时，电路断路，电阻上的电流为零，指针不偏转；短路时即被测电阻 $R=0$ 时，电流应处于最大，要求万用表指针满度偏转（如果达不到满度偏转，应调节零欧姆旋钮，称之为电气调零）。

2）测量线路

测量线路的作用是将各种不同的被测量转换成磁电系表头能接受的直流电流。万用表中包括多量程直流电流测量线路、多量程直流电压测量线路、多量程交流电压测量线路、多量程电阻测量线路。通过在线路中串联、并联电阻，可以改变测量量的种类以及扩大测量量程。

3）转换开关

转换开关用于选择万用表的测量量及其量程。当转换开关转换到某一位置时，活动触点就和该位置的固定触点闭合，从而接通相应的测量线路。见图 sy2.1，转换开关周围分成了几个区域：测电阻的"Ω"区，测直流电压的"V̄"区，测交流电压的"Ṽ"区，测直流电流的"mA"区和"μA"区。要测某种参数就将转换开关指向某区。

选择合适的量程，是保证测量准确的关键。测量电压和电流时，应使指针尽量达到满度偏转的 2/3 以上，即指针偏转应尽量大，但不能超过满量程。另外，对于测量电阻，因为电阻的大小与电流成非线性关系，电阻的指示刻度不均匀，电阻表标度尺的中心值（其对应的电流为满度偏转电流的一半）就是表的总内阻值，通常称为中心电阻。所以测量电阻值，尽量使指针落在中心电阻附近，比如常用万用表的中心电阻为 20 Ω，尽量让指针指在 20 Ω 附近。指针指在中心电阻值的 0.04～4 倍范围内，即指针落在 0.08 Ω～80 Ω 刻度范围内读数较准确。

4）读表常识

对于指针式仪表，读表有一定的规律。首先要了解仪表刻度盘的内容，详见图 sy2.2。

（1）电流、电压的读表。

见图 sy2.2，第 2 条弧线旁边标有"V. mA"，表示该刻度线显示的是电压和电流的读数。这条弧线上有 3 排刻度：0～10、0～50、0～250。

　　如果量程转换开关拨在 10 V 位置，那么我们就看 0～10 刻度线，现在指针（实线）指示的位置为 8，说明测量电压为 8 V；如果量程转换开关拨在 10 mA 位置，我们仍看 0～10 刻度，若指针（实线）指示的位置为 8，说明测量电流为 8 mA。

　　如果量程转换开关拨在 100 V 位置，那么我们还是看 0～10 刻度，若指针（实线）指示的位置为 8，测量结果应放大 100 V/10 V＝10 倍，说明测量电压的实际值为 8×10＝80 V。

　　如果量程转换开关拨在 50 V 位置，见图 sy2.2，就看 0～50 刻度线，由实线指针指示的位置可得测量值为 40 V；如果量程转换开关拨在 250 V 位置，就看 0～250 刻度线，则测量值为 200 V。

　　如果量程转换开关拨在 5 V 位置，也看 0～50 刻度线，测量结果应为指示值的 5 V/50 V＝0.1 倍，见图 sy2.2，实线指针指示的位置，说明测量电压为 40×0.1＝4 V。如果"量程转换开关"拨在 2.5 V 位置，要看 0～250 刻度线，测量结果应为指示值的 2.5 V/250 V ＝0.01 倍，见图 sy2.2，说明测量电压为 200×0.01＝2 V。总之，选取读数刻度位置必须与量程成 10^n 倍数关系（n 为正或负整数）。

　　(2) 电阻的读表。

　　见图 sy2.2，第 1 条弧线旁边标有"Ω"，表示该刻度线显示的是电阻的读数。这条弧线上的电阻刻度不均匀，现虚线指针位置为中心电阻位置。电阻实际测量值的读数为：量程转换开关的电阻倍率乘以仪表上指示的电阻数。比如，量程转换开关拨在电阻×10 位置，按图 sy2.2 指针（虚线）指示位置，实际电阻值应为 20×10＝200 Ω。

　　5) 使用注意事项

　　(1) 测量直流电流时，应将万用表量程转换开关调到直流电流区，且万用表串接在被测电流的电路支路中；测量直流电压时，应将万用表量程转换开关调到直流电压区，且万用表并联在被测电压两端。要注意测量直流参数时，红表笔接被测电压的"＋"，黑表笔接被测电压的"－"，且选取适当的量程。

　　(2) 测量电阻时，应将万用表调到电阻挡，测量前每换一个电阻倍率，必须进行电气调零。

　　(3) 用万用表测量时，人体不要接触表笔的金属部分，以确保人体安全和测量的准确性。

　　(4) 用万用表测量电流和电压时，要切断电源后换挡。若不能确定被测值的范围，应先选择大量程，然后逐渐转小量程，以免损坏万用表。

　　(5) 切不可用万用表的电阻挡和电流挡去测量电压，以免烧坏表头。

　　(6) 指针式仪表测量时应水平放置，测量前检查指针是否处于电流或电压的"0"刻度位置，若不在零位，应进行机械调零。对于有弧形反射镜面的仪表，当看到指针与镜面里的指针重合时，读数最准确。

2. 数字式万用表

　　数字式万用表采用数字化技术，用数字直接显示出被测量的大小。它的主要特点是测量精度高；输入阻抗高，一般可达 10 MΩ，可用来测量内阻较高的信号电压；体积小，重量轻，抗干扰性能好，过载能力强。其不足之处是不能迅速观察出被测量的变化趋势。

　　图 sy2.3 所示为 DT-830 型万用表，显示位数是三位半（因最高位只能显示数字"1"或不显示数字，所以算半位），最大显示数为 ±1999。一般来讲，数字式万用表显示位数越多，精度也越高。数字式万用表主要用来测量直流电流、直流电压、交流电压、交流电流以及电阻等，还可以用来检查半导体的性能等。

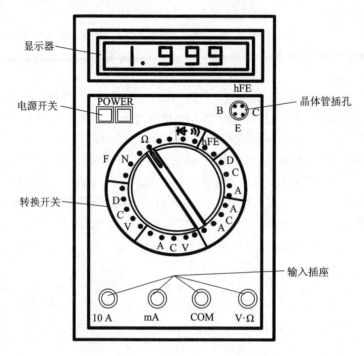

图 sy2.3　DT—830 型万用表的面板图

数字式万用表的使用，有和模拟式万用表相似之处，如采用拨动式转换开关选择测量量的种类及其量程，见图 sy2.3。但多数数字式万用表采用按钮开关来选择测量量的种类（如电压、电流、电阻等）及其量程，使用方法相似于数字式电压电流表。

数字式万用表可直接读数。如果显示的数字闪烁，表示要重新选择量程。

使用万用表的注意事项如下：

（1）无论是模拟式万用表还是数字式万用表，由于滤波方式的原因，在测量高中频信号和非正弦交流信号时，往往导致较大的误差。

（2）无论是模拟式万用表还是数字式万用表，若不能预先确定被测电流或电压的范围，应先选择大量程挡测量一次，再视情况逐渐减小到合适量程挡。

（3）对于数字式万用表，刚进行测量时，仪表会出现跳数现象，应等显示值稳定之后再读数。

（4）对于数字式万用表，假如只在最高位上显示数字"1"，其余位均消隐，这表明仪表已过载，应选择更高的量程挡。

（5）测量完毕，应将量程开关拨至最高电压挡，且关闭电源，以防止下次开始测量时不慎损坏仪表。

现在的数字万用表测量功能越来越强大，有的可以直接测电容，甚至可以测量频率，还具备保持存储功能等。比如 HOLD 按钮，具有数据保持功能，RANGE 按钮具有量程自动选择和手动选择功能，有些还有 REL 键，具有相对测量计算功能。

四、实操内容与实操步骤

注意事项：注意稳压电源不得短路，以免损害电源。当仪表指针反向偏转时，应将两表笔交换位置。若指针超过满量程，应迅速拿开表笔，并将量程调大。

测量项目与表盘结构：万用表通常可以测量多种电路参数，所以首先将转换开关置于要测量的参数位置区（如直流电压 DCV 或 $\bar{V}$，直流电流 DCA、DC mA（或 A、mA），交流电压 ACV 或 $\tilde{V}$，电阻 Ω 等）。指针式万用表的表盘刻度分了几部分，中间部分显示直流电压、直流电流和交流电压的读数；表盘最上面是电阻刻度，电阻大小的排序跟电流电压的排序相反（从左至右是无穷大至零）；下面还有一部分为其它测量项目（如电平的分贝数）的刻度等。

1. 用万用表测量电阻元件的阻值

用万用表测量电阻时，要注意：

（1）断开元件所在电路的电源。

（2）每换一个电阻倍率挡，在测量电阻前必须要进行电气调零，就是将两表笔短接，转动零欧姆旋钮，使指针停在电阻刻度盘的"0"欧姆位置。

（3）电阻挡刻度线是一条非均匀的刻度线，愈靠近满偏转（0 电阻）位置，刻度间距愈宽。测量电阻时也要合理选择量程，表针尽量指示在这一挡的中心电阻 20 Ω 附近（在中心电阻值的 0.1～2.5 倍范围内），这样测量才较准确。

（4）手不要同时触及电阻器的两引出线，以免因人体分流作用而使测量值小于它的实际值。

测量电阻的实验电路如图 sy2.4 所示，选取参考值（标示值）为 20 Ω、30 Ω、300 Ω、200 Ω、3 kΩ、2 kΩ、47 kΩ、30 kΩ、100 kΩ、250 kΩ 的电阻元件或调节可调电阻箱电阻。根据不同的阻值，将万用表的转换开关置于 R×1、R×10、R×100、R×1k、R×10k 电阻倍率挡的某一挡测量，将测量结果记入表 sy2.1 中。

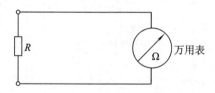

图 sy2.4　测量电阻实验电路

表 sy2.1　用万用表测量线性电阻记录表

	电阻参考值	20 Ω	30 Ω	200 Ω	300 Ω	3 kΩ	2 kΩ	30 kΩ	47 kΩ	100 kΩ	250 kΩ
测量电阻	万用表测量值										
	电阻挡倍率										

2. 用指针（模拟）式万用表测量直流电压

实验电路见图 sy2.5，将万用表的红表笔（"＋"极）接至电源正极，黑表笔（"－"极）接至电源负极。将万用表的转换开关置于直流电压相应的挡位（DCV 或 $\bar{V}$），从 0 V 开始调节稳压电源输出，缓慢地增加，使电源显示的输出电压大概在表 sy2.2 给出的数字附近，再用指针式万用表测量该电源输出的电压值,将测量结果记入表 sy2.2 中。

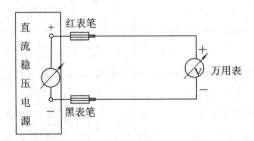

图 sy2.5　测量直流电压的实验电路

表 sy2.2　万用表测量电压数据记录表

调节稳压电源	电源显示的输出电压/V	0.3	0.4	2.1	2.4	8	9	30
电压 U	万用表测量的电压值/V							
	选择的电压量程(挡位)							

测量挡位的选定:为了提高测量电压值的准确度,希望表针的偏转角度在满偏转角度的 2/3 以上。指针偏转过小,应减小量程。但应注意切勿使仪表指针超量程,若超量程,必须立刻增大量程。① 如果能预测被测值的范围,选择最接近被测值的挡位,如估计被测值为 1.8 V~2.3 V,应选择量程为 2.5 V 挡位。② 如果不能预测被测值的范围,应将量程开关由大到小转换,直到表针的偏转角度尽量大。

3. 线性电阻伏安特性测定

实验电路如图 sy2.6 所示,其中 $R = 100\ \Omega$。

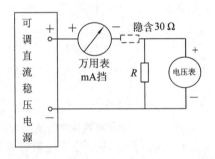

图 sy2.6　线性电阻元件伏安特性测试电路

接线方法:详见图 sy2.6 所示:

(1) 将数字式电压表跨接(并联)在被测电阻(100 Ω)元件的两端。此电路为直流电路,必须区分电路电位的高低,电压表的"+"极(红表笔)接高电位端,"−"极(黑表笔)接低电位端。

(2) 测量电流时应将万用表与被测电阻元件支路串联连接。因为是直流电路,所以应使电流从万用表的"+"极(红表笔)流进,"−"极(黑表笔)流出。同样,当仪表指示负(指针在 0 电流左边)时,应迅速将两表笔交换位置。

调节稳压电源输出,缓慢地增加,使电源显示的输出电压大概在表 sy2.3 给出的数值附近。分别用模拟式万用表测量回路的电流值,用电压表(或数字式万用表)测量电阻两端的电压值,将测量结果记入表 sy2.3 中。

表 sy2.3　线性电阻伏安特性数据记录表

调节稳压电源	电源显示的输出电压/V	1	2	2.5	5	10	15	20	25
电压 U	电压表测量电压/V								
	电压表的挡位								
电流 I	指针万用表测量的电流值/mA								
	电流的量程								
计算电阻 $R = \dfrac{U}{I}$ (Ω)									

问题与思考:

(1) 通过上述实验,得出的线性电阻元件的伏安特性是一条什么样的曲线? 当电压或电流改变时,线性电阻元件的电阻值有变化吗? 其电流和电压之间是什么约束关系(用欧姆定律解释)?

(2) 对指针式仪表,在测量电量时遇到仪表指针反偏、偏转过小、偏转超过满刻度,分别说明是什么问题,该如何处理?

万用表使用完毕,应将转换开关置于关机位置(OFF)或交流电压最高挡位置。

五、实验报告要求与思考题

(1) 画出每个实验的电路连接图和表格,填写实验数据,并用坐标纸绘出线性电阻元件的伏安特性曲线。

(2) 回答问题与思考部分提出的问题。

1.6　电容元件和电感元件

[情境 4]　灯泡与电容连接时亮与不亮问题的思考

如图 1.33 所示,设 U_s 为直流电压源的电压。开始时开关置于"1"位置,灯泡不亮。将开关置于"2"位置,刚开始瞬间灯泡很亮,逐渐灯泡变暗,最后熄灭(灯泡不亮了)。如果再将开关置于"3"位置,开始瞬间灯泡又很亮,逐渐灯泡变暗,最后熄灭(灯泡不亮了)。通过学习电容的伏安特性后可以解释上述现象。

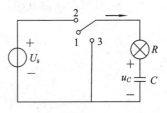

图 1.33　情境 4 电路图

1.6.1 电容及其伏安特性

1. 电容

电容器是电子产品中大量使用的电子元件之一，广泛应用于隔直、耦合、旁路、滤波、调谐回路，还可用于能量转换、运算等电路中。实际电容器通常由两个导体中间隔以电介质组成，如图 1.34 所示。

陶瓷电容器　　　　云母电容　　　　塑料薄膜电容器　　　　电解电容器

图 1.34　电容器实物图

如图 1.35 所示，当在电容两端加上电压时，在电容两个电极上将分别集聚等量的正、负电荷，当两端的电压断开后，极板上的电荷仍然存在，因此电容器是能够储存电场能量的元件。

电路里所说的电容元件是各种实际电容器的理想化模型，它是存放电荷的容器。电容器储存电荷的能力称为电容器的电容量（简称电容），用 C 表示，即 $C = q/u_C$。其中 q 为电荷量，u_C 为加在电容两端的电压。若 C 只与电容器的结构、介质、形状有关，与电容两端的电压大小无关，即 C 为常量，该电容器就是线性电容元件，则电容的库伏特性是：

$$q = Cu_C$$

这是一条直线，这里所讨论的是线性电容元件。

电容的单位

$$1\ \text{F}(\text{法拉}) = 10^6\ \mu\text{F} = 10^{12}\ \text{pF}$$

电容元件的符号如图 1.36 所示。

无极性　　　　有极性

图 1.35　电容电极上的电荷　　　　　　　图 1.36　电容的电路符号

2. 电容元件的伏安特性

电流、电压的参考方向如图 1.37(a) 所示，则电容元件的伏安关系为

$$i = \frac{\mathrm{d}q}{\mathrm{d}t} = \frac{\mathrm{d}(Cu_C)}{\mathrm{d}t} = C\frac{\mathrm{d}u_C}{\mathrm{d}t}$$

即

$$i = C\frac{\mathrm{d}u_C}{\mathrm{d}t} \qquad\qquad (1-22)$$

上式表明，电容元件的伏安特性为微分关系，$\dfrac{\mathrm{d}u_C}{\mathrm{d}t}$ 为电容元件电压的变化率。$\dfrac{\mathrm{d}u_C}{\mathrm{d}t}$ 大，

说明电压变化快，电容的电流就越大；$\dfrac{\mathrm{d}u_C}{\mathrm{d}t}$ 小，说明电压变化慢，则电流小；若电压不随时间变化（如直流电压），则 $\dfrac{\mathrm{d}u_C}{\mathrm{d}t}=0$，即电容电流为零，此时电容相当于开路。显然电容元件具有隔直流通交流的作用。电容的电流大小与其电压的变化率有关，而与该瞬间电压的大小无关。

【回答情境 4 问题】　当开关刚从 1→2 时，电容电压 u_C 从 0 变化到 U_s，变化的电压 u_C 将在该回路产生电流使灯泡发亮；电容电压达到 U_s 后不再变化，将保持在 U_s 数值，不变的 u_C 不产生电流，所以灯泡熄灭不亮。当开关刚从 2→3 时，电容电压 u_C 从 U_s 变化到 0，变化的电压 u_C 将在其回路产生电流使灯泡发亮；电容电压达到 0 后不再变化，将保持为 0，不变的 u_C 不产生电流，所以灯泡熄灭不亮。此现象说明只有在电容的电压变化时，回路才产生电流。

图 1.37 是纯电容电路及其电流与电压波形。

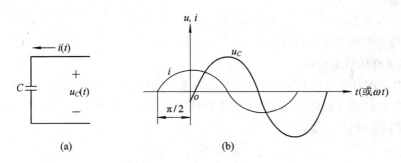

图 1.37　纯电容电路及其电流与电压波形

如果电流与电压为非关联方向，则

$$i = -C\,\dfrac{\mathrm{d}u_C}{\mathrm{d}t} \tag{1-23}$$

1.6.2　电感及其伏安特性

1. 电感

实际电感线圈是由金属导线绕在绝缘管上构成的，导线彼此互相绝缘，绝缘管可以是空心的，也可以包含铁芯或磁芯，如图 1.38 所示。

当电流通过线圈时，将产生磁通，见图 1.39。电感线圈是一种抵抗电流变化、储存磁能的部件。在电路分析中所说的电感元件是一个二端理想元件，假设它是由没有电

图 1.38　弹簧线圈

阻的导线绕制而成的线圈。如果电感 L 的大小只与线圈的结构、形状有关，与通过线圈的电流大小无关，即 L 为常量，则称为线性电感元件，下面讨论的就是线性电感元件。其电感：

$$L = \dfrac{\varPsi}{i}$$

其中 Ψ 为磁链，$\Psi = N\psi$（ψ 为线圈产生的磁通，N 为线圈匝数），i 为通过电感元件的电流，它们呈线性关系。显然，电感 L 反映了电流产生磁场能力的大小。

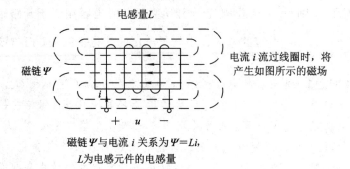

磁链 Ψ 与电流 i 关系为 $\Psi = Li$，
L 为电感元件的电感量

图 1.39　电感的磁场

电感的单位：
$$1\ \text{H（亨）} = 10^3\ \text{mH} = 10^6\ \mu\text{H}$$
电感元件的符号如图 1.40 所示。

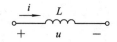

图 1.40　电感元件的符号

2. 电感元件的伏安特性

电流、电压的参考方向如图 1.41(a) 所示的关联方向，当通过电感线圈的电流 i 发生变化时，电感中会有感应电动势，其两端就存在感应电压 u_L（见图 1.41(b)），感应电压与电流的关系（即伏安特性）见下式

$$u_L = \frac{\mathrm{d}\Psi}{\mathrm{d}t} = \frac{\mathrm{d}(Li)}{\mathrm{d}t} = L\frac{\mathrm{d}i}{\mathrm{d}t}$$

即

$$u_L = L\frac{\mathrm{d}i}{\mathrm{d}t} \tag{1-24}$$

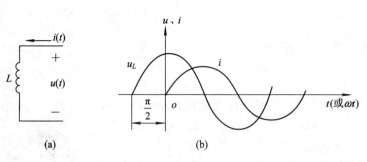

图 1.41　纯电感电路及其电压与电流波形

显然，电感的伏安特性呈微分关系。$\mathrm{d}i/\mathrm{d}t$ 表示电流的变化率，任一瞬间电感元件端电压的大小与该瞬间电流的变化率成正比，即电感的感应电压只与流过电感的电流的变化快慢有关。即 $\dfrac{\mathrm{d}i}{\mathrm{d}t}$ 大，说明电流变化快，感应电压高；$\dfrac{\mathrm{d}i}{\mathrm{d}t}$ 小，说明电流变化慢，则感应电压低；若流经电感的电流不随时间变化，即为直流，$\dfrac{\mathrm{d}i}{\mathrm{d}t} = 0$，则 $u_L = 0$，感应电压为零，此时电感对于直流相当于短路。电感的电压大小与该时刻电流的大小无关。

如果电流与电压为非关联方向，则

$$u_L = -L\frac{\mathrm{d}i}{\mathrm{d}t} \tag{1-25}$$

1.6.3　实际电感元件与实际电容元件

1. 电感元件

电感元件通常由磁芯和线圈组成。电感把磁场能量存储起来，通过回路缓慢地释放出去，是储能元件。在实际应用中，电感多用于电源滤波回路、LC 振荡电路、中低频的滤波电路等，还可用于电路谐振。电感器的主要参数就是电感（量），另外还有额定工作电流和允许偏差。通常有"直标法"和"色标法"两种标识电感的方法。下面介绍几种实际常用的电感元件。

（1）弹簧线圈电感器。弹簧线圈电感器（空心）常作为振荡线圈使用，其结构如图 1.42 所示。

（2）磁芯线圈电感器。线圈的电感量大小与有无磁芯有关。在空心线圈中插入铁氧体磁芯，可增加电感量和提高线圈的品质因素。磁芯线圈电感器（见图 1.43）常用在电流较大的振荡电路、电源电路中，或者用于微小信号的耦合（如中周，如图 1.44 所示）。

图 1.42　弹簧线圈电感器　　　图 1.43　磁芯线圈电感器　　　图 1.44　中周电感（可调）

（3）铜芯线圈电感器（见图 1.45）。铜芯线圈电感器在超短波范围应用较多，其利用旋动铜芯在线圈中的位置来改变电感量，这种调整比较方便、耐用。

（4）色码电感器。色码电感器是一种高频电感线圈，它是在磁芯上绕上一些漆包线后再用环氧树脂或塑料封装而成的。它的工作频率为 10 kHz 至 200 MHz，电感量一般在 0.1 μH 到 3300 μH 之间。如图 1.46 所示，色码电感器是一种小型的固定电感器，其电感量标识方法同电阻一样，以色环来标记，即上述的"色标法"，色标电感对应的单位为 μH（微亨）。

（5）贴片电感器（如图 1.47 所示）。贴片电感器多用于计算机、手机、相机等数码产品的微小高频电路中，可分为磁屏蔽型、非磁屏蔽型，也可分为绕线型、叠层型，还可分为大电流型、小电流型等。

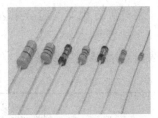

图 1.45　铜芯线圈电感器　　　图 1.46　色码电感器　　　图 1.47　贴片电感器

贴片电感器的电感值标识与贴片电阻类似,如 3R3 表示电感为 $3.3\ \mu H$, 221 表示电感值为 $22\times10\ \mu H$, 102 表示电感值为 $10\times10^2=1000\ \mu H$, 其最后一位数表示 10 的幂次。电感误差表示如下:

字　母	N	M	K	J
误差百分比	$\pm30\%$	$\pm20\%$	$\pm10\%$	$\pm5\%$

2. 电容元件

电容器按其介质材料通常分为云母电容器、陶瓷电容器、纸/塑料薄膜电容器、电解电容器和玻璃釉电容器等。

1) 电容器的型号

国产电容器的型号一般由四部分组成(不适用于压敏、可变、真空电容器),依次分别代表名称、材料、分类和序号。

第一部分:名称,用字母表示,电容器用 C。

第二部分:材料,用字母表示,见表 1.3。

第三部分:分类,一般用数字表示,个别用字母表示。

第四部分:序号,用数字表示。

表 1.3

字母	产品材料	字母	产品材料
A	钽电解	L	涤纶等极性有机薄膜
B	聚苯乙烯等非极性薄膜	N	铌电解
C	高频陶瓷	O	玻璃膜
D	铝电解	Q	漆膜
E	其它材料电解	T	低频陶瓷
G	合金电解	V	云母纸
H	复合介质	Y	云母
I	玻璃釉	Z	纸介
J	金属化纸		

2) 电容器容量的识别

(1)直标法:用数字和单位符号直接标出电容量,如 $1\ \mu F$ 表示 1 微法。有些电容用"R"表示小数点,如 R56 表示 0.56 微法。

(2)文字符号法:用数字和文字符号有规律的组合来表示电容量,如 P10 表示 0.1 pF,1P0 表示 1 pF,6P8 表示 6.8 pF,$2\mu2$ 表示 $2.2\ \mu F$。

(3)色标法:用色环或色点表示电容器的主要参数。电容器的色标法与电阻相同,电容器偏差标识符号如下所示。

字母	H	R	T	Q	S	Z
电容器偏差	100%~0	100%~10%	50%~10%	30%~10%	50%~20%	80%~20%

（4）数学计数法：如标值为 272，则容量为 27×10^2 pF；如标值 473，则容量为 47×10^3 pF；如标值为 332，则容量为 33×10^2 pF。

3）几种常见的电容器

几种常见的电容器如图 1.48～图 1.52 所示。

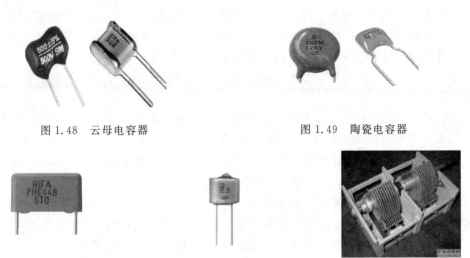

图 1.48　云母电容器　　　　　　　　　　　图 1.49　陶瓷电容器

图 1.50　塑料薄膜电容器　　　图 1.51　玻璃釉电容器　　　图 1.52　可变电容器

（1）电解电容器。如图 1.53 所示。电解电容器是固定电容的一种，其电容量较大，一般在 1 μF 以上，外形一般为黑色或蓝色圆柱形。电解电容器按引脚分为有正负极性和无极性两种。无极性电解电容器的两引脚没有正、负极性之分，它与普通固定电容器一样，只是电容量更大；而有极性电解电容器的两引脚有正、负极性之分，它是最常用的电解电容器，在外壳上会用"一"符号标出负极性引脚的位置。对于新购进的有极性电解电容器，可根据引脚的长短来判别，通常较长的引脚为正极性端。

（2）贴片电容器（见图 1.54）。有些贴片电容器有容量大小的标识，但多数贴片电容器上是没有标识的，这些电容器的容量大小需要用电容表来检测。

图 1.53　电解电容器　　　　　　　　　　　图 1.54　贴片电容器

1.7　基尔霍夫定律

前面我们已经介绍了线性电阻元件、电感元件、电容元件和理想电源元件的伏安关系，即元件本身内部的约束关系。但电路的电流和电压除了受限于元件本身的伏安关系外，还受限于元件与元件之间的连接关系，即元件外围的电路结构，也即外部约束条件。基尔霍夫定律反映了电路的外部约束关系。

［情境5］ 电路中的节点与回路

电路无论简单还是复杂，总有一些共性和规律，下面以图1.55为例进行说明。

(1) 支路：电路中具有两个端钮且通过同一电流而没有分支（至少包含一个元件）的路径叫支路。如图1.55中，abc、adc、ac为三条支路。

(2) 节点：三条和三条以上的支路的连接点叫节点。如图1.55中有a点、c点两个节点。

(3) 回路：电路中任一闭合路径叫回路，这是一个立体概念。如图1.55中有$adca$、$abca$、$adcba$三个回路。注意，任一闭合路径，其中只要有一条支路不同，就是一个新回路。

(4) 网孔：内部不含有支路的回路叫网孔。如图1.55电路中，只有$adca$、$abca$两个网孔。显然网孔是平面概念，是回路的子集。

注意，连接在一起的等电位点视为同一个节点。如图1.56所示电路中，点a、b、c、d是连接在一起的等电位点，所以只能视为同一个节点；点e、f、g、h是连接在一起的另一个等电位点，也只能视为同一个节点。所以图1.56所示电路只有两个节点。

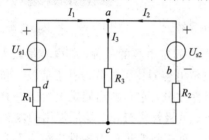

图1.55 节点与回路示例

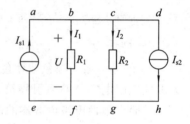

图1.56 等电位点示例

搞清楚了电路中的节点与回路，我们再来探求元件与元件之间的连接关系。其中基尔霍夫电流定律（KCL）应用于对节点（或广义节点）的电流分析，基尔霍夫电压定律（KVL）应用于对回路（或路径）的电压分析。

1.7.1 基尔霍夫电流定律(KCL)及应用实例

根据电流连续性原理（或电荷守恒推论）可得基尔霍夫电流定律（简称KCL），其内容为：在任意时刻，流入电路任一节点的电流之和等于流出该节点的电流之和。即

$$I_{流进之和} = I_{流出之和} \qquad (1-26)$$

例如对图1.55所示电路，根据KCL，节电a上各支路的电流关系为

$$I_1 + I_2 = I_3$$

或表示为$I_1 + I_2 - I_3 = 0$。如果规定参考方向为流入节点的电流为正、流出节点的电流为负（或也可做相反规定），则该定律可描述为：任一节点的电流代数和为零，即

$$\sum i = 0$$

例如对图1.56所示电路，a、b、c、d为同一节点，根据KCL得

$$I_{s1} = I_1 + I_2 + I_{s2}$$

基尔霍夫电流定律的推广：流出（或流入）封闭面电流的代数和为零：

$$\sum i = 0 \qquad\qquad (1-27)$$

例 1.11　利用基尔霍夫电流定律，写出图 1.57 电路各支路电流的关系。

解　如图 1.57(a)所示，对节电 a 上各支路的电流关系，根据流进的电流等于流出的电流，有

$$I_1 + I_3 + I_5 = I_2 + I_4$$

或

$$I_1 - I_2 + I_3 - I_4 + I_5 = 0$$

如图 1.57(b)所示，将虚线所标示的闭合面（即网孔）看成是一个广义节点，则图示支路的电流关系为

$$I_1 + I_3 = I_2$$

或

$$I_1 - I_2 + I_3 = 0$$

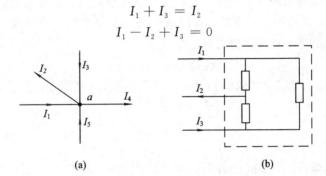

(a) 　　　　　　　　　　　(b)

图 1.57　例 1.11 图

例 1.12　电路如图 1.58 所示，已知 $I_{s1} = 6\ \text{A}$，$I_{s2} = 2\ \text{A}$，$G_1 = 0.5\ \text{S}$，$G_2 = 1.5\ \text{S}$，求各元件的电压和电流。

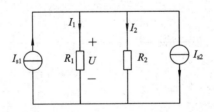

图 1.58　例 1.12 图

解　电路只有两个节点，各元件两端为同一电压，设该电压为 U，其参考方向如图中所示，首先列写节点的 KCL 方程为

$$I_{s1} = I_1 + I_2 + I_{s2}$$

即

$$I_{s1} - I_1 - I_2 - I_{s2} = 0 \qquad\qquad (1-28)$$

因电阻元件的电流电压参考方向为关联方向，根据欧姆定律得

$$I_1 = \frac{U}{R_1} = G_1 U$$

$$I_2 = G_2 U$$

代入式(1-28)，得

$$I_{s1} - G_1 U - G_2 U - I_{s2} = 0$$

将已知条件代入，有

$$6 - 0.5U - 1.5U - 2 = 0$$

解出各元件的电压：

$$U = 2(\text{V})$$

电流：

$$I_1 = G_1 U = 0.5 \times 2 = 1(\text{A})$$
$$I_2 = G_2 U = 1.5 \times 2 = 3(\text{A})$$

1.7.2　基尔霍夫电压定律(KVL)及应用实例

基尔霍夫电压定律反映了电路中任一回路内各电压之间的约束关系，简称 KVL。它的内容是：任意时刻，电路中任一回路，从回路中任一点出发沿该回路绕行一周，则在此方向上的电位下降之和等于电位上升之和。即

$$U_{\text{电位降之和}} = U_{\text{电位升之和}} \tag{1-29}$$

如图 1.59 所示为某一电路中截取的一个回路局部，若从 a 点出发，根据 KVL：

$$U_1 + U_3 = U_2 + U_4 + U_5$$

即

$$U_1 - U_2 + U_3 - U_4 - U_5 = 0$$

若选定一个回路的绕行方向，取此方向上的电位降为正、电位升为负（也可做相反规定），基尔霍夫电压定律也可表述为：任意时刻，电路中任一闭合回路内各段电压的代数和恒等于零，即

$$\sum U = 0 \tag{1-30}$$

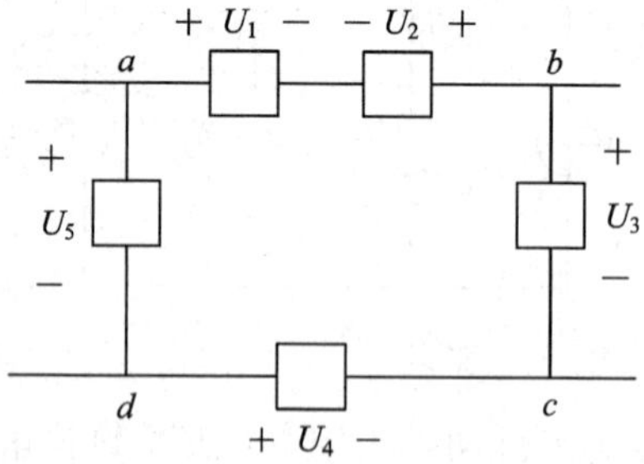

图 1.59　KVL 示意图

基尔霍夫电压定律实质上也是能量守恒的逻辑推论。由该定律推广出计算任意两节点间的电压的方法：在集总参数电路中，任意两点之间的电压与路径无关，其电压值等于该两点间任一路径上各支路电压的代数和。例如，对图 1.59 所示电路，有

$$U_{ac} = U_5 + U_4$$

或

$$U_{ac} = U_1 - U_2 + U_3$$

[KVL 列式技巧]　求某两点间的电压：以该两点参考方向"＋"为起点，"－"为终点，

沿路径叠加各元件(或支路)的电压，遇某元件电压参考方向"＋"在前的，该电压取正；遇某元件电压参考方向"－"在前的，该电压取负。最后的代数和就是某两点间的电压。

例 1.13　计算图 1.60 所示电路的电压 U_{cd}、电流 I 及电压 U_{ac}。

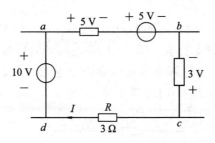

图 1.60　例 1.13 图

解　设从 a 出发，顺时针绕行一周，有

$$5 + 5 - 3 + U_{cd} - 10 = 0$$

所以

$$U_{cd} = 3 \ (\text{V})$$

由于 U_{cd} 和 I 为关联方向，所以

$$I = \frac{U_{cd}}{R} = \frac{3}{3} = 1 \ (\text{A})$$

从路径 adc 看：

$$U_{ac} = U_{ad} - U_{cd} = 10 - 3 = 7 \ (\text{V})$$

从路径 abc 看：

$$U_{ac} = U_{ab} + U_{bc} = 5 + 5 - 3 = 7 \ (\text{V})$$

可见，用两个路径计算出来的 U_{ac} 结果完全一样。

例 1.14　图 1.61 所示为一个电压源，$U_s = 20 \ \text{V}$，内阻为 $R_0 = 5 \ \Omega$，外接负载电阻为 $R = 15 \ \Omega$，求电流 I 及电压 U_{ab}。

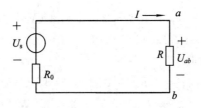

图 1.61　例 1.14 图

解　因为单回路各元件流过同一电流，如图 1.61 设回路电流的参考方向，且设各电阻元件电压电流为关联方向，并选顺时针绕行方向，根据 KVL 得：

$$+ U_{ab} + U_0 - U_s = 0 \tag{1}$$

又根据各电阻元件的伏安关系(欧姆定律)，有：

$$U_{ab} = RI; \quad U_0 = R_0 I$$

代入式(1)，得：

$$+ RI + R_0 I - U_s = 0$$

将已知条件代入

$$15I + 5I - 20 = 0$$
$$I = 1 \text{（A）}$$
$$U_{ab} = RI = 15 \times 1 = 15 \text{（V）}$$

或

$$U_{ab} = U_s - R_0 I = 20 - 5 \times 1 = 15 \text{（V）}$$

用两个路径计算出来的 U_{ab} 结果完全一样，说明两点间的电压与路径无关。

例 1.15 如图 1.62 所示为两个电压源和两个电阻串联的单回路电路，已知 $U_{s1} = 20$ V，$U_{s2} = 2$ V，$R_1 = 15$ Ω，$R_2 = 3$ Ω，求电流 I、电压 U_2、U_{ab} 以及各元件消耗的功率。

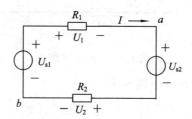

图 1.62　例 1.15 图

解 因各元件流过同一电流，故为单回路电路。如图 1.61 设回路电流及参考方向，且设各电阻元件电压电流为关联方向，并选顺时针绕行方向，根据 KVL 得：

$$+U_1 + U_{s2} + U_2 - U_{s1} = 0 \tag{1}$$

又根据各电阻元件的伏安关系（欧姆定律），有：

$$U_1 = R_1 I, \qquad U_2 = R_2 I$$

代入式（1），得：

$$+R_1 I + U_{s2} + R_2 I - U_{s1} = 0$$
$$I = \frac{U_{s1} - U_{s2}}{R_1 + R_2} = \frac{20 - 2}{15 + 3} = 1 \text{（A）}$$

求电压：

$$U_2 = R_2 I = 3 \times 1 = 3 \text{（V）}$$
$$U_{ab} = -R_1 I + U_{s1} = -15 \times 1 + 20 = 5 \text{（V）}$$

电阻消耗的功率（关联方向）：

$$P_{R1} = I^2 R_1 = 1^2 \times 15 = 15 \text{（W）}$$
$$P_{R2} = I^2 R_2 = 1^2 \times 3 = 3 \text{（W）}$$

U_{s2} 消耗的功率（关联方向）：

$$P_{s2} = U_{s2} I = 2 \times 1 = 2 \text{（W）}$$

U_{s1} 提供的功率（非关联方向）：

$$P_{s1} = U_{s1} I = 20 \times 1 = 20 \text{（W）}$$

显然，消耗的总功率：

$$P_{s2} + P_{R1} + P_{R2} = 2 + 15 + 3 = 20 \text{（W）}$$

与 U_{s1} 提供的功率是平衡的。

例 1.16 将图 1.63 所示理想电源的串联和并联电路合并等效为一个电源电路。

解 根据 KCL、KVL，得图 1.63 箭头右边所示电路。

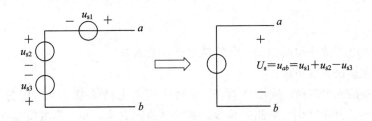

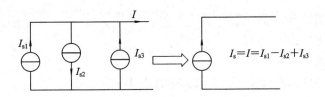

图 1.63　例 1.16 图及图解

可见，当理想电压源串联时，电压源可以直接合并；当理想电流源并联时，电流源也可以直接合并。

例 1.17　计算图 1.64 所示电路中，开关 S 打开和闭合时的电位 ψ_a、ψ_b、ψ_c 及电压 U_{ab}、U_{bc}。

解　开关 S 打开时，回路的电流 $I=0$，所以电位

$$\psi_b = \psi_a = 12 \ (\text{V})$$
$$\psi_c = \psi_o = 0 \ (\text{V})$$

电压

$$U_{ab} = \psi_a - \psi_b = 0 \ (\text{V})$$
$$U_{bc} = \psi_b - \psi_c = 12 - 0 = 12 \ (\text{V})$$

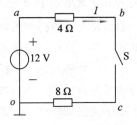

图 1.64　例 1.17 图

开关 S 闭合时，回路的电流 $I = \dfrac{12}{4+8} = 1(\text{A})$，所以电位

$$\psi_a = 12 \ (\text{V}), \qquad \psi_c = \psi_b$$
$$\psi_o = 0 \ (\text{V}), \qquad \psi_b = U_{co} = 8I = 8 \times 1 = 8 \ (\text{V})$$

电压

$$U_{ab} = \psi_a - \psi_b = 12 - 8 = 4 \ (\text{V}) \quad (\text{或 } U_{ab} = 4I = 4 \times 1 = 4 \ (\text{V}))$$
$$U_{bc} = \psi_b - \psi_c = 0 \ (\text{V})$$

*实操 3　验证基尔霍夫定律

一、实操目的

（1）验证基尔霍夫定律的正确性，加深对基尔霍夫定律的理解。

（2）加深对参考方向的理解。

（3）强化电流表和电压表的正确使用。

二、注意事项

(1) 严禁将电压源输出端短路，严禁带电拆、接线路。

(2) 正确选择仪表的量程。

(3) 将仪表接入电路时，应注意其正、负极性应与电路的参考方向保持一致。使用指针式仪表测量电流和电压时，如指针反偏，要及时调换表笔，并在测量值前加"一"号。

三、实操设备

(1) 直流稳压电源 1 台；

(2) 直流电压表 1 只；

(3) 直流毫安电流表 1 只；

(4) 电阻 100 Ω 1 只，30 Ω 3 只，20 Ω、51 Ω 各 1 只；

(5) 实验电路板 1 套。

四、实验内容与实验操作步骤

1. 验证基尔霍夫电流定律(KCL)

基尔霍夫电流定律(KCL)：任何时刻，在电路的任一节点上，流入节点的电流之和等于从该节点流出的电流之和，或流入该节点的电流代数和为零 $\sum I = 0$。

图 sy3.1 为验证基尔霍夫定律的电路。按图 sy3.1 接线，选择 b 节点，用直流电流表分别串联在各支路中，测量各支路电流 I_1、I_2、I_3，并记录在表 sy3.1 中，以验证 KCL，即验证 $\sum I = 0$。注意图 sy3.1 所示的电流方向为参考方向，仪表接入电路的正、负极性应与电路的参考方向保持一致，如指针反偏，要及时调换表笔，说明实际方向与参考方向相反，要在测量值前加"一"号。如果采用数字式(电流)仪表，当实际方向与参考方向相反时，仪表的显示数据前面可直接显示"一"号。

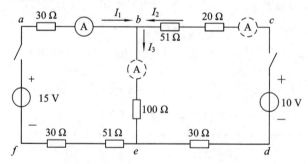

图 sy3.1 验证 KCL 的电路

表 sy3.1 验证 KCL 时的数据记录表

待测值	I_1/mA	I_2/mA	I_3/mA	验证 $\sum I = 0$
测量值				

2. 验证基尔霍夫电压定律(KVL)

基尔霍夫电压定律(KVL)：任何时刻，在电路中任一闭合回路内各段电压的代数和恒等于零，即 $\sum U = 0$。

回路 $abcdef$ 的绕行方向如图 sy3.2 所示(线路电阻隐含在实验台电路里)。各段电路电压的参考方向：设符号下角标前面的字母为高电位点，下角标后面字母为低电位，如 U_{ab} 表示参考方向 a 点取"＋"，b 点取"－"。仪表接入电路的正负极性应与电路的参考方向保持一致，如指针反偏，要及时调换表笔，说明实际方向与参考方向相反，要在测量值前加"－"号。同样，如果采用数字式(电压)仪表，当实际方向与参考方向相反时，仪表的显示数据前面可直接显示"－"号。

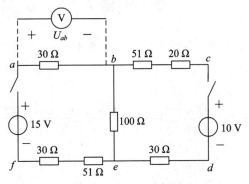

图 sy3.2　验证基尔霍夫电压定律的电路

用电压表分别测量图 sy3.2 中沿回路的各段电压，并记录在表 sy3.2 中，验证 $\sum U = 0$。注意，$U_{be} = -U_{eb}$。

(1) 验证 $abcdef$ 回路 $\sum U = U_{ab} + U_{bc} + U_{cd} + U_{de} + U_{ef} + U_{fa}$。

(2) 验证 $abef$ 回路 $\sum U = U_{ab} + U_{be} + U_{ef} + U_{fa}$。

(3) 验证 $bcde$ 回路 $\sum U = U_{bc} + U_{cd} + U_{de} + U_{eb}$。

表 sy3.2　验证 KVL 时的数据记录表

待测量	U_{ab}/V	U_{be}/V	U_{bc}/V	U_{cd}/V	U_{de}/V	U_{ef}/V	U_{fa}/V	验证 $\sum U = 0$
测量值								
验证 $abcdef$ 回路	$\sum U = U_{ab} + U_{bc} + U_{cd} + U_{de} + U_{ef} + U_{fa} =$							
验证 $abef$ 回路	$\sum U = U_{ab} + U_{be} + U_{ef} + U_{fa} =$							
验证 $bcde$ 回路	$\sum U = U_{bc} + U_{cd} + U_{de} + U_{eb} =$							

五、实验报告

（1）整理实验数据，分析实验结果，画出测量电路图。

根据实验测量数据验证 KCL、KVL，与理论计算值相比较，是否有误差？分析产生误差的原因。

（2）回答问题：有时当仪表按参考方向接线测量时，指针发生反偏，这说明什么问题？该如何处理？

-+-

练 习 题 1

1-1 图1.65给出了电阻元件的电压、电流参考方向，求元件未知的端电压 U、电流 I，并指出它们的实际方向。

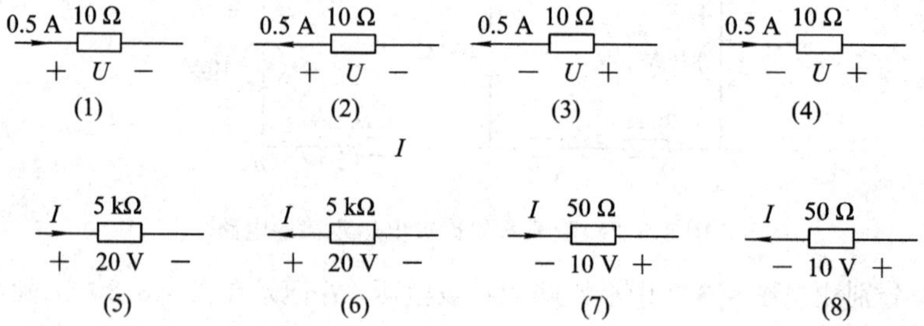

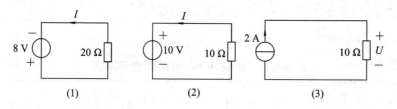

图 1.65 题 1-1 图

1-2 根据欧姆定律，按图1.66所示的电流或电压的参考方向，求电流 I 或电压 U。

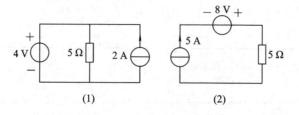

图 1.66 题 1-2 图

1-3 求图1.67所示电路(1)、(2)中的 5 Ω 电阻上所消耗的功率。

图 1.67 题 1-3 图

1-4 求图1.68所示电路中 20 Ω 电阻的电流 I 和电压 U。

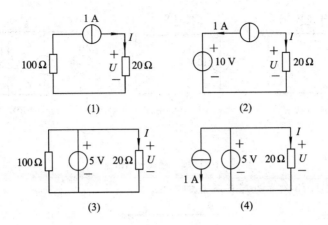

图 1.68 题 1-4 图

1-5 求图 1.69 所示电路中的未知电流 I(或 I_1、I_2、I_E)。

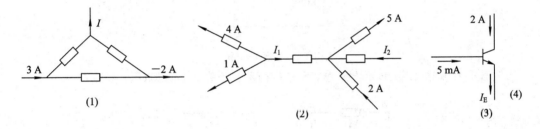

图 1.69 题 1-5 图

1-6 见图 1.70 所示,求 I、φ_a、φ_d、φ_b、φ_e、φ_c、φ_f、U_{bc}、U_{cf}。

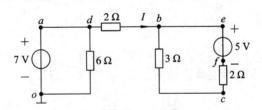

图 1.70 题 1-6 图

1-7 图 1.71 为某电路中的一个回路局部,求 U_{cb} 和 U_{ac}。

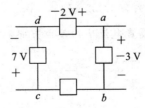

图 1.71 题 1-7 图

1-8 根据 KVL 和 KCL,将图 1.72 所示电路等效成含一个电源的回路。

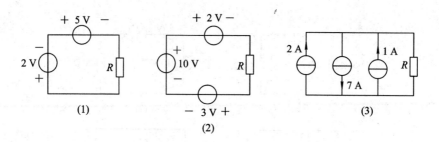

图 1.72　题 1-8 图

1-9　计算图 1.73 所示电路中各点的电位。

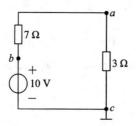

图 1.73　题 1-9 图

1-10　计算图 1.74 所示电路中，S 打开和闭合时的 φ_a、φ_b 及 U_{ab}。

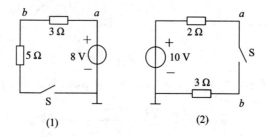

图 1.74　题 1-10 图

1-11　计算图 1.75 所示电路中的 φ_c、φ_b、φ_a 及 U_{bc}、U_{ab}。

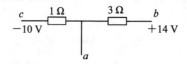

图 1.75　题 1-11 图

1-12　给图 1.76 所示电路设置电流 I 的参考方向，求：电流 I 及 A 点电位 φ_A。

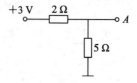

图 1.76　题 1-12 图

1-13　电路如图 1.77 所示，已知 $U_{s1}=5$ V，$U_{s2}=10$ V，$R_1=1$ Ω，$R_2=4$ Ω，$R_3=1$ Ω，$R_4=4$ Ω，求 I 和 U_{ab}，并计算各元件的功率。

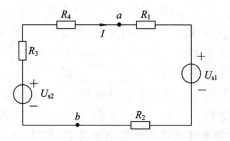

图 1.77　题 1-13 图

1-14　电路如图 1.78 所示，已知 $I_{s1}=3$ A，$I_{s2}=1$ A，$R_1=6$ Ω，$R_2=3$ Ω，求电压 U 和各电阻元件的电流，以及各元件的功率。

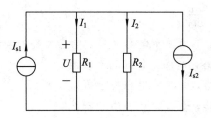

图 1.78　题 1-14 图

1-15　图 1.79 所示为指针式(即模拟式)万用表表头，测量电阻时，应将测量项目旋钮旋到电阻测量区域，每换一挡位必须进行电气调零。若测量 40 kΩ 左右的电阻，其量程应调到电阻倍率为×_____；测量大约为 300 Ω 左右的电阻，其量程应调到电阻倍率为×_____；测量大约为 2 kΩ 左右的电阻，其量程应调到电阻倍率为×_____。

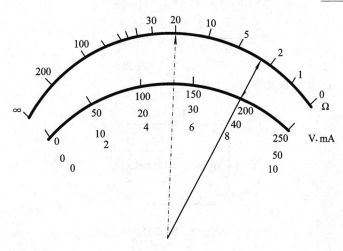

图 1.79　题 1-15、题 1-16 图

1-16　图 1.79 所示为模拟式万用表表头，图为测量电压时指针停留的位置。如果此时量程旋钮旋在 100 mV 挡位，则测量出的电压应为_____；若量程旋钮旋在 25 V 挡位，则测量出的电压应为_____；若量程旋钮旋在 5 V 挡位，则测量出的电压应为

_____。

1-17 测量某电压时，若测量值为 20 mV，其真值为 19.8 mV，则测量绝对误差为 _____，修正值为 _____，测量的示值相对误差为 _____。

1-18 某直流电流表，在量程为 25 mA 的挡位上，若已知某测量点的绝对误差为 1 mA，则该点的引用相对误差为 _____；如果 50 mA 的挡位上最大引用相对误差为 1.2%，则该仪表在该挡位的精度等级为 _____ 级。

1-19 被测电压 9 mV 左右，现有 2 只电压表：一只量程 10 mV，准确度 $s=1.5$ 级；另一只量程 50 mV，准确度 $s=1.0$ 级。问选择哪一只电压表测量结果较准确，为什么？

1-20 对于电容元件和电感元件的电压电流关系（电流、电压参考方向相关联），下列描述正确的是( )。

A) $u_C=C\dfrac{di_C}{dt}$, $i_L=L\dfrac{di_L}{dt}$ B) $i_C=C\dfrac{du_C}{dt}$, $u_L=L\dfrac{di_L}{dt}$

C) $i_C=C\dfrac{du_C}{dt}$, $i_L=L\dfrac{du_L}{dt}$ D) $u_C=C\dfrac{di_C}{dt}$, $u_L=L\dfrac{di_L}{dt}$

1-21 在直流电路中，下列关于电容元件、电感元件的描述正确的是( )。

A) 电容元件相当于断路，电感元件相当于短路

B) 电容元件相当于短路，电感元件相当于短路

C) 电容元件相当于开路，电感元件相当于断路

D) 电容元件相当于短路，电感元件相当于断路

1-22 图 1.80 所示电路中，求 I、U_C。

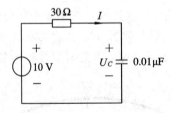

图 1.80 题 1-22 图

1-23 图 1.81 所示电路中，求 I、U_L。

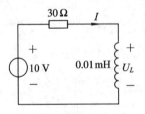

图 1.81 题 1-23 图

第 2 章

电路的基本分析方法

本章主要介绍电路的基本分析计算方法：通过对电路的等效变换（如电阻的串并联等效、电源的等效变换、戴维南定理等）对电路进行化简，特别适用于求单个支路或局部电路的分析计算；叠加定理和网络方程法（如支路电流法和节电电位法）适用于求解电路参数较多时的情况。本章还简单介绍了有关受控源的知识。实操方面主要介绍如何排查电路故障，并结合电阻的串并联知识将其应用到电流表、电压表扩大测量量程及表头灵敏度调试的实际应用中。

2.1　电路的等效变换

2.1.1　等效变换的概念

仅由电源和线性电阻构成的电路称为线性电阻电路，简称电阻电路。所谓电路分析，是指按已给定电路的结构和参数计算电路有关的其它物理量，例如上一章中我们给定电路的连接方式、电路中电阻和电源的数值，去求某一元件上的电压或某一支路的电流。

1. 二端网络

在电路分析中，如果研究的是电路中的一部分，可把其它部分作为一个整体看待。当这个整体只有两个端钮与其外部相连时，且从一端流进的电流等于从另一端流出的电流，这个电路称为二端网络（或一端口网络），如图 2.1 所示。图中，I 为端口电流，U 为端口电压。

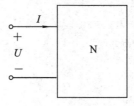

图 2.1　二端网络

2. 等效网络

两个内部结构完全不同的二端网络 N_1 和 N_2，如图 2.2 所示，如果它们端钮上的伏安关系完全相同，即 $I_1 = I_2 = I$，$U_1 = U_2 = U$，则 N_1 和 N_2 是等效网络。等效网络的内部结构虽然不同，但对外部电路而言，它们的影响完全相同。即等效网络互换后，它们的外部情况不变。注意它们的内部结构完全不同，并不等效，故我们所称的"等效"指"外部等效"。

3. 等效变换

等效网络对外部电路具有完全相同的影响，可互相替代，这种替代称为等效变换。等效变换可以把复杂电路化为简单电路。例如图 2.2，网络 N_1 可以化简为网络 N_2，这个过程就是等效变换。

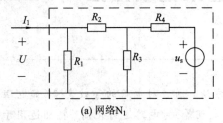 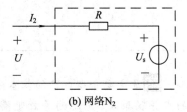

(a) 网络N_1 (b) 网络N_2

图 2.2 等效网络

2.1.2 电阻的串联、并联和混联

[情境 6] 电工仪表表头灵敏度调试问题

对于一个刚制作好的万用表，若其表头电流满量程为 $50\ \mu A$，为了使该表的准确度达到要求，首先需用一个相应的标准表来调试其表头灵敏度，如图 2.3 所示。调节直流稳压电源，使标准表显示为 $40\ \mu A$，如果被测表也显示为 $40\ \mu A$，说明制作的万用表表头电流（或电压）灵敏度达到要求。如果被测表显示为 $43\ \mu A$，则说明什么问题，该怎么办？

图 2.4 是表头内部的部分电路，由图可知是电流 I_1 大了。运用电阻串并联知识可解决该问题。

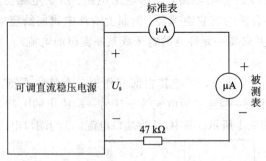
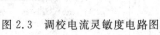

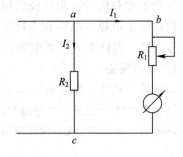

图 2.3 调校电流灵敏度电路图   图 2.4 表头内部的部分电路

1. 电阻的串联

1）电阻的串联及其等效

若干个电阻元件首尾（实际上电阻元件无首尾区别，这里是为了叙述方便）相接，中间无分支，在电源作用下流过同一电流，称为电阻的串联连接。如图 2.5(a) 所示为 4 个电阻元件的串联连接。设每个电阻分别为 R_1、R_2、R_3、R_4，电阻元件两端电压分别为 U_1、U_2、U_3、U_4，选其电压的参考方向与电流为关联方向。

根据 KVL 可列出：

$$U = U_1 + U_2 + U_3 + U_4 = IR_1 + IR_2 + IR_3 + IR_4$$
$$= I(R_1 + R_2 + R_3 + R_4) = IR$$

显然，串联的等效电阻为

$$R = R_1 + R_2 + R_3 + R_4$$

即当图 2.5(a)和(b)两电路的两端分别加上相同的电压 U 时，会产生相同的电流 I，或者说图 2.5(a)和(b)两电路对任意的外部电路会有完全相同的影响，故图 2.5(b)为图 2.5(a)的等效电路。

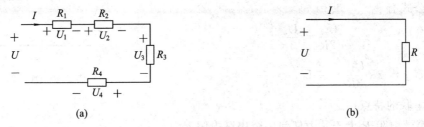

图 2.5　电阻的串联及其等效

以此类推，n 个电阻串联的等效电阻 R 等于各个电阻之和，它的一般形式为

$$R = \sum_{i=1}^{n} R_i \tag{2-1}$$

2）串联与分压公式

以图 2.5(a)为例，在串联电路中，若总电压 U 为已知，4 个电阻串联的等效电阻为 R，根据欧姆定律可求出：

$$U_1 = R_1 I = \frac{R_1}{R}U, \quad U_2 = R_2 I = \frac{R_2}{R}U$$

$$U_3 = R_3 I = \frac{R_3}{R}U, \quad U_4 = R_4 I = \frac{R_4}{R}U$$

显然，各电阻上的电压是按电阻的大小进行分配的，即各电阻的端电压与电阻值成正比：

$$\frac{U_1}{R_1} = \frac{U_2}{R_2} = \frac{U_m}{R_m} = \frac{U}{R} \tag{2-2}$$

或

$$U_1 = \frac{R_1}{R_n}U_n$$

例 2.1　判断图 2.6 所示电路中哪个电阻端电压最大，哪个电阻端电压最小？若已知电压 $U = 12$ V，该电路的电流 I 为多少？

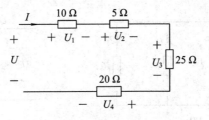

图 2.6　例 2.1 图

解 因该电路各电阻为串联关系，各电阻的端电压与电阻值成正比，所以 U_3 最大，U_2 最小。由图 2.6 可知，等效电阻为

$$R = R_1 + R_2 + R_3 + R_4 = 10 + 5 + 25 + 20 = 60 \text{（}\Omega\text{）}$$

故

$$I = \frac{U}{R} = \frac{12}{60} = 0.2 \text{（A）}$$

例 2.2 求图 2.7 所示电路的等效电阻 R_{ab} 和 U_{cd}。

解 因两个电阻相串联，其等效电阻为

$$R_{ab} = R + 2R = 3R$$

根据分压公式有

$$\frac{U_{cd}}{2R} = \frac{U_{ab}}{3R}$$

则

$$U_{cd} = 2R\frac{U_{ab}}{3R} = \frac{2}{3}U_{ab} = \frac{2}{3} \times 9 = 6 \text{（V）}$$

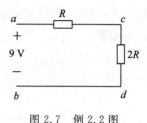

图 2.7 例 2.2 图

电阻串联的特点：

（1）等效电阻 R 大于其中任何一个串联电阻 R_n。

（2）在电源作用下，流过同一电流。

（3）因为 $I = U/(R_1 + R_2 + \cdots + R_n)$，当端口电压一定时，所串电阻越多，电流越小。故串联电阻可以限流。

显然，对于情境 6 提出的问题（见图 2.4），可通过调节电位器即增大 R_1 来达到减小 I_1 的目的。

（4）电压和功率的大小均与电阻的大小成正比。例：

$$U_1 : U_2 : U_3 = R_1 : R_2 : R_3$$

$$P_1 : P_2 : P_3 = R_1 : R_2 : R_3$$

这说明电阻串联的电路中，某电阻越大其分压也越大。

2. 电阻的并联

1）电阻的并联及其等效

若干个电阻两端分别共接于两个节点之间，在电源作用下承受同一电压，称为电阻的并联连接。

图 2.8(a)所示为三个电阻并联，根据 KCL 和欧姆定律有

$$I = I_1 + I_2 + I_3 = \frac{U}{R_1} + \frac{U}{R_2} + \frac{U}{R_3} = \left(\frac{1}{R_1} + \frac{1}{R_2} + \frac{1}{R_3}\right)U = \frac{1}{R}U$$

则

$$\frac{1}{R} = \frac{1}{R_1} + \frac{1}{R_2} + \frac{1}{R_3} \quad \text{或} \quad G = G_1 + G_2 + G_3$$

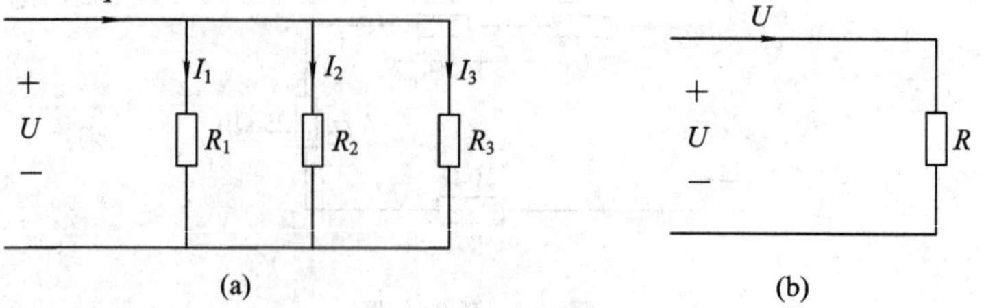

(a)   (b)

图 2.8 电阻的并联及其等效

用上式计算出的电阻 R 代替图 2.8(a)中的三个并联电阻，得其等效电路如图 2.8(b)所示。显然，当 n 个电阻并联时，其等效电导等于各电导之和：

$$G = \sum_{i=1}^{n} G_i \quad \text{或} \quad \frac{1}{R} = \sum_{i=1}^{n} \frac{1}{R_i} \qquad (2-3)$$

2) 并联与分流公式

因并联电路中的电阻的端电压均相等，故我们也可推导出

$$I_1 = \frac{U}{R_1}, \quad I_2 = \frac{U}{R_2}, \quad I_3 = \frac{U}{R_3}$$

可见，并联时电阻小的支路，其电流反而大，即并联电路中各支路电流的大小与其电阻值成反比：

$$\frac{I_1}{I_2} = \frac{R_2}{R_1}$$

例 2.3　判断图 2.9 所示电路中哪个支路电流最大，哪个支路电流最小？若已知电压 $U = 20$ V，该电路的电流 I 为多少？I_1、I_2、I_3 分别为多少？

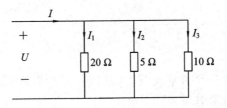

图 2.9　例 2.3 图

解　因各支路电流的大小与其电阻值成反比，所以 I_2 最大，I_1 最小。等效电阻为

由

$$G = \frac{1}{R} = \frac{1}{20} + \frac{1}{5} + \frac{1}{10} = \frac{7}{20}$$

得等效电阻

$$R = \frac{20}{7} \approx 2.85 \ (\Omega)$$

显然，并联等效电阻小于任何一个并联支路上的电阻。

$$I = \frac{1}{R} U = \frac{7}{20} \times 20 = 7 \ (\text{A})$$

$$I_1 = \frac{U}{R_1} = \frac{20}{20} = 1 \ (\text{A})$$

$$I_2 = \frac{20}{5} = 4 \ (\text{A})$$

$$I_3 = \frac{20}{10} = 2 \ (\text{A})$$

对于常见的两电阻 R_1 和 R_2 的并联电路，如图 2.10 所示，其等效电阻可根据

$$\frac{1}{R} = \frac{1}{R_1} + \frac{1}{R_2}$$

得到

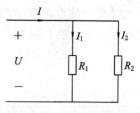

$$R = \frac{R_1 R_2}{R_1 + R_2} \qquad (2-4)$$

若 $R_1 = R_2$，则

$$R = \frac{R_1}{2} \qquad (2-5)$$

图 2.10　两电阻并联电路

由式(2-4)和欧姆定律又可推导出两电阻 R_1、R_2 并联电路的分流公式。

推导：因为 $I_1 R_1 = IR$，所以

$$I_1 = \frac{R}{R_1} \cdot I = \frac{\dfrac{R_1 R_2}{R_1 + R_2}}{R_1} I = \frac{R_2}{R_1 + R_2} I$$

$$I_1 = \frac{R_2}{R_1 + R_2} I, \quad I_2 = \frac{R_1}{R_1 + R_2} I$$

即

$$I_{支} = \frac{R_{另一支}}{R_{两和}} I_{总} \qquad (2-6)$$

电阻并联的特点：

(1) 等效电阻小于任何一个并联支路上的电阻，说明并联可以减小电阻。

(2) 电阻并联时，各电阻电压为同一电压。

(3) 各支路电流的大小与电阻成反比；各电阻消耗的功率与电阻大小成反比。这说明电阻大的支路电流反而小。

【情境 6 的问题拓展】　如果调节电位器(见图 2.4)可减小 I_1，但只能调到 42 μA，该如何使万用表表头电流(或电压)灵敏度达到要求？

在图 2.4 中，在 ab 支路上串联电阻理论上是可行的，但工艺实现较困难。所以最好是在 ac 支路即 R_2 上并联电阻，则该支路电阻减小可以达到增大 I_2、减小 I_1 的目的。

3. 电阻的混联

电路中既有电阻串联又有电阻并联叫电阻的混联。如图 2.11 所示，R_2 与 R_3 并联，再与 R_1 串联。对于简单的电阻混联电路，可以应用等效的概念，逐次求出各并、串联部分的等效电路，从而最终将其简化成只有一个电阻的等效电路。

例 2.4　如图 2.11 所示，已知 $R_1 = 6\ \Omega$，$R_2 = 4\ \Omega$，$R_3 = 12\ \Omega$，外加电压 $U = 9\ \text{V}$。求总电流 I 与支路电流 I_1 和 I_2；求电阻 R_1 和 R_2 两端的电压 U_1 和 U_2。

解　等效电阻

$$R = R_1 + \frac{R_2 R_3}{R_2 + R_3} = 6 + \frac{4 \times 12}{4 + 12} = 9\ (\Omega)$$

总电流

$$I = \frac{U}{R} = \frac{9}{9} = 1\ (\text{A})$$

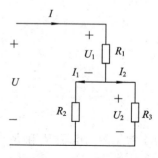

图 2.11　电阻混联电路

支路电流

$$I_1 = \frac{R_3}{R_3 + R_2} I = \frac{12}{4 + 12} \times 1 = 0.75 \text{（A）}$$

$$I_2 = \frac{R_2}{R_3 + R_2} I = \frac{4}{4 + 12} \times 1 = 0.25 \text{（A）}$$

或

$$I_2 = I - I_1 = 1 - 0.75 = 0.25 \text{（A）}$$

电压

$$U_1 = IR_1 = 1 \times 6 = 6 \text{（V）}$$
$$U_2 = I_1 R_2 = 0.75 \times 4 = 3 \text{（V）}$$

或

$$U_2 = I_2 R_3 = 0.25 \times 12 = 3 \text{（V）}$$

例 2.5　求图 2.12(a)、(b)、(c)所示电路中 a、b 两端的等效电阻。

解　a、b 两端的等效电阻分别见图 2.12(d)、(e)、(f)所示电路及其计算过程。

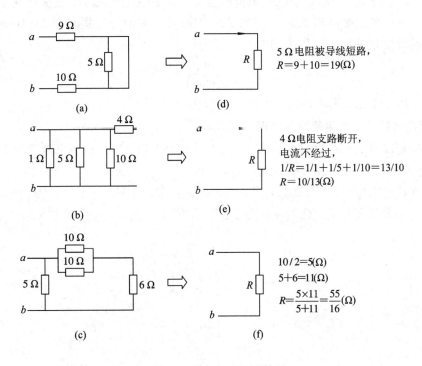

图 2.12　例 2.5 图及题解

2.1.3　应用实例：电压表和电流表扩大量程的测量原理

1. 直流电流表扩大量程测量原理

对于指针式仪表，表头允许通过的电流 I_0 很小（约几十微安到几十毫安范围内），见图 2.13（其中设 $r_0 = 2 \text{ kΩ}$ 为表头电路内阻）。如果表头允许通过的最大电流 I_g 为 50 μA，则该表只能测量 $I_0 \leqslant 50$ μA 的电流，要测量更大的电流（即扩大测量电流的量程），应采用分流的方法，即并联电阻，见图 2.14。如果要测量最大为 $I = 2.5$ mA 的电流（即测量挡位为 2.5 mA），则采用并联电阻的方法。根据两电阻并联的分流公式(2-6)得

$$I_0 = \frac{R_1}{R_1 + r_0} I$$

整理后得

$$R_1 = \frac{I_0}{I - I_0} r_0 \qquad\qquad (2-7)$$

所以

$$R_1 = \frac{I_0}{I - I_0} r_0 = \frac{0.05}{2.5 - 0.05} \times 2000 \approx 41 \ (\Omega)$$

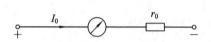

图 2.13　指针式仪表表头等效电路

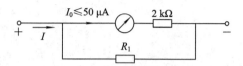

图 2.14　并联电阻分流扩大量程

显然，对于最大只能测量 50 μA 电流的表头，并联 41 Ω 电阻后，最大可测量 2.5 mA 的电流，即测量挡位提高到 2.5 mA。如果要把测量电流的量程提高到 $I = 10$ mA，由式 (2-7) 得到需要并联的电阻 R_2 为

$$R_2 = \frac{I_0}{I - I_0} r_0 = \frac{0.05}{10 - 0.05} \times 2000 \approx 10 \ (\Omega)$$

以此类推，可通过并联电阻，设计需要测量电流的量程。

2. 直流电压表扩大量程测量原理

这里我们以图 2.15（其中设 $r_g = 2$ kΩ 为表头电路内阻，该电压表只能测量 $I_0 \leqslant 50$ μA 的电流）为例来分析。那么表头两端最大电压为 $U_g = r_g I_0 = 2000 \times 50 \times 10^{-6} = 0.1$（V），即该表最大测量电压为 0.1 V。要扩大测量电压的量程 U，应采用分压的方法，即串联电阻，见图 2.15。如果要测量最大为 $U = 1$ V 的电压（即测量挡位为 1 V），则根据分压原理得：

$$\frac{U_g}{r_g} = \frac{U}{R_1 + r_g}$$

$$U = \frac{r_g + R_1}{r_g} U_g$$

故分压电阻为

$$R_1 = \frac{U}{U_g} r_g - r_g = \frac{1}{0.1} \times 2 \times 10^3 - 2 \times 10^3 = 18 \ (\text{k}\Omega)$$

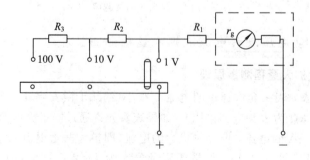

图 2.15　串联电阻分压扩大量程

如果要把测量电压的量程提高到 10 V，那么：

$$R_2 + R_1 = \frac{U}{U_g}r_g - r_g = \frac{10}{0.1} \times 2 \times 10^3 - 2 \times 10^3 = 198 \ (\text{k}\Omega)$$

故

$$R_2 = 198 - R_1 = 198 - 18 = 180 \ (\text{k}\Omega)$$

以此类推，可通过串联电阻，设计需要测量电压的量程。

实操 4　电阻电路故障检查

一、实操目的

(1) 通过实验加深对参考点、电位、电压及其相互关系的理解。

(2) 学习电阻电路一般故障的检查方法。

(3) 熟练使用万用表。

二、注意事项

(1) 直流稳压电源严禁短路。

(2) 注意电表的量程，测量时要选择合适的量程。

(3) 用万用表欧姆挡（或欧姆表）检查电路时，被测电路必须先脱离电源，以免损坏仪表。

三、实验仪器与设备

(1) 直流稳压电源 1 台。

(2) 万用表 1 只。

(3) 实验线路板 1 套。

(4) 500 Ω、100 Ω、1 kΩ 电阻各 1 个。

四、实验内容和实验操作步骤

仅由电源和线性电阻构成的电路称为线性电阻电路，简称电阻电路。电阻电路故障一般表现为电路中元器件短路、部分短路、开路、支路断开、电源无电压等，这些都会引起电路中的电压或电阻的变化，影响电路的正常工作。用万用表检查电路故障，是工程上既简单又最常用的方法。

1. 用万用表的电压挡检查电路故障

该方法属于带电检查，一般不需要断开电源。用电压挡测量电路中各个元件两端的电压值，也可用测量电位的方法，即将电压表的一端与电位参考点相接，电压表的另一端分别与待测点相接，测量各点的电位，计算电压值，判断各电压值是否与预计的值相近，从而判断出电路故障所在的位置。

首先按图 sy4.1(a)所示电路连接实验线路。这是一个直流电阻电路，设 o 点为电位参考点。然后合上开关，见图 sy4.1(b)，用万用表直流电压挡测量每个点的电位和支路端电压。

(1) 测量图 sy4.1(b)正常电路中各点的电位和各支路的电压，将测量数据记录在表 sy4.1 中的"正常电路"栏里。

(2) 将图 sy4.1 电路中的 *bc* 支路断开，造成断开故障 1(见图 sy4.2(a))，测量故障电路中各点的电位和各支路的电压，将测量数据记录在表 sy4.1 中的"断开故障 1"栏里。

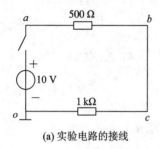 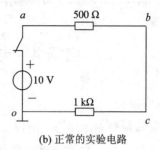

(a) 实验电路的接线　　　　　　　(b) 正常的实验电路

图 sy4.1　用万用表的电压挡检查电路故障

表 sy4.1　正常电路和故障电路的电位和电压的测量数据记录表(带电检测)

参考点 *o*		电位测量值/V				电压测量值/V			
	测量值	U_a	U_b	U_c	U_o	U_{ao}	U_{ab}	U_{bc}	U_{co}
	正常电路								
断开故障	断开故障 1								
	断开故障 2								
短路故障	短路故障 1								
	短路故障 2								

将图 sy4.1 电路中的 *co* 支路断开，造成断开故障 2(见图 sy4.2(b))，测量故障电路中各点的电位和各支路的电压，将测量数据记录在表 sy4.1 中的"断开故障 2"栏里。

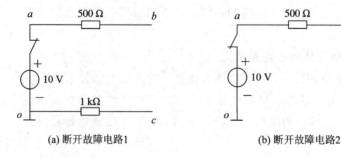

(a) 断开故障电路1　　　　　　　(b) 断开故障电路2

图 sy4.2　断开故障电路

（3）将图 sy4.1 电路中的 *ab* 支路短路，制造成短路故障 1（见图 sy4.3(a)），测量该故障电路中各点的电位和各支路的电压，将测量数据记录在表 sy4.1 中的"短路故障 1"栏里。

将图 sy4.1 电路中的 *co* 支路短路，造成短路故障 2（见图 sy4.3(b)），测量故障电路中各点的电位和各支路的电压，将测量数据记录在表 sy4.1 中的"短路故障 2"栏里。

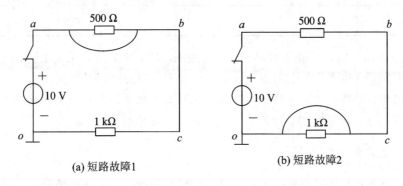

图 sy4.3　短路故障电路

根据故障部位和故障性质归纳开路故障和短路故障时的电位或电压的变化规律。

问题与思考：短路故障怎样引起电位、电压的变化？断开故障怎样引起电位、电压的变化？比较故障电路与正常电路的测量数据，分析故障部位和判断故障性质。

2. 用万用表的电阻挡检查电路故障

测量前，首先断开电源，撤掉电路与电源之间的连线，见图 sy4.4；注意万用表每换一个电阻挡，必须进行电气调零。

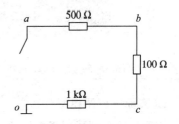

图 sy4.4　测量正常的电阻电路

（1）见图 sy4.4，先用万用表电阻挡检查该正常电路中各电阻支路的电阻值，将测量的电阻值填入表 sy4.2 中的"正常电路"栏里。

（2）将 *bc* 支路断开，见图 sy4.5(a)，制造断开故障，然后用万用表电阻挡分别测量各电阻支路的电阻值，将测量的电阻值填入表 sy4.2 中的"断开故障"栏里。

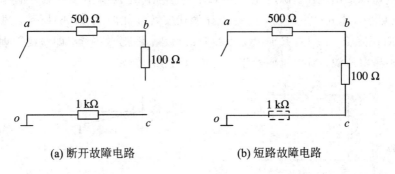

图 sy4.5　测量电阻的故障电路

表 sy4.2　正常电路和故障电路的电阻测量数据记录表（断电检测）

电阻	R_{ao}/Ω	R_{ab}/Ω	R_{bc}/Ω	R_{co}/Ω
正常电路/Ω				
断开故障				
短路故障				

（3）将 co 支路短路，见图 sy4.5(b)，制造短路故障，然后用万用表电阻挡分别测量各电阻支路的电阻值，将测量的电阻值填入表 sy4.2 中的"短路故障"栏里。

问题与思考：短路故障怎样引起电阻的变化？断开故障怎样引起电阻的变化？比较故障电路与正常电路的测量数据，分析故障部位和判断故障性质。

五、实验报告要求

（1）画出每个实验的电路连接图和表格，填写实验数据。整理和填写实验测量数据记录表。

（2）回答"问题与思考"所提出的问题。

2.2　电压源、电流源模型及其等效变换

2.2.1　实际电压源和实际电流源模型

1. 实际电压源模型

前面我们介绍了理想电压源，而实际电压源总有一定的内阻，在工作时端电压会随着负载电流的增大而减少，这一现象可由一个电压源与电阻的串联来体现，我们称其为实际电压源模型，如图 2.16(a)所示。根据 KVL 可推导出电压源的伏安关系为

$$U = U_s - R_s I \qquad\qquad (2-8)$$

其中，U 为电压源输出电压，源电压 U_s 的数值等于实际电压源不接负载时的端电压，即开路电压（$U_s = U_{oc}$）。由式（2-8）可得实际电压源伏安特性如图 2.16(b)所示。显然，斜线上方开口为内阻压降 $R_s I$，内阻 R_s 愈小，直线开口愈小，图形愈平缓，即愈接近理想状态，当 $R_s \to 0$ 时为理想电压源，所以我们希望电压源内阻越小越好。

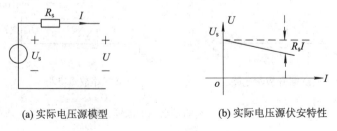

(a) 实际电压源模型　　　　　　　　(b) 实际电压源伏安特性

图 2.16　实际电压源模型及伏安特性

另外，由式(2-8)可知，如果电压源端口短路(即 $U=0$)，电流 $I_{sc}=U_s/R_0$ ，由于实际电压源的内阻 R_s 通常很小，故短路电流 I_{sc} 通常很大，这将损害电源，因此，电压源一般不允许将其短路。注意，实际电压源模型只表示该元件(或器件)端钮上的电压与电流之间的关系，并不涉及内部情况，因此电压源内部并不真正只串有一个电阻。内阻只反映电压源内部消耗能量的情况，是等效参数。

2. 实际电流源模型

如果实际电流源在工作时提供的输出电流随着端电压(或负载电压)的增大而减少，这一现象可由一个电流源与电阻的并联来体现，我们称其为实际电流源模型，见图2.17(a)。之所以采用电流源与电阻的并联作为模型，是因为理想电流源的内阻 $R_s \rightarrow \infty$ 不分流，而实际电流源有内阻，表明了电源内阻的分流效应。

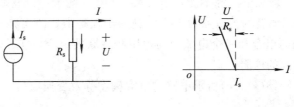

(a) 实际电流源模型　　　　　(b) 实际电流源伏安特性

图 2.17 实际电流源模型及伏安特性

如图 2.17(a)所示，当外接电路时，有电流 I 流过端钮，根据 KCL 可推导出电流源的伏安关系为

$$I = I_s - \frac{U}{R_s} \qquad (2-9)$$

其中，I 为电流源输出的电流，源电流 I_s 的数值等于实际电流源短路的电流(用 I_{sc} 表示)，即 $I_s=I_{sc}$ 。由式(2-9)可得实际电流源伏安特性如图 2.17(b)所示。这是一条向左倾斜的直线，其中 I_s 为电流源产生的定值电流，U/R_s 为电源内部分流电流。如果内阻足够大，开口就越小，倾斜程度就较小，就愈接近理想，所以我们希望电流源内阻越大越好。

2.2.2 两种模型的等效变换

这里所说的等效变换是指外部等效，即变换前后，端口处伏安关系不变，也即端口的 I 和 U 均对应相等。由式(2-8)可推导出实际电压源的端口电流：

$$I = \frac{U_s}{R_s} - \frac{U}{R_s}$$

为了区别电流源，将电压源内阻设为 R_{su} ，则

$$I = \frac{U_s}{R_{su}} - \frac{U}{R_{su}} \qquad (2-10)$$

由式(2-9)可知实际电流源的端口电流为

$$I = I_s - \frac{U}{R_s}$$

为了区别电压源，将电流源内阻设为 R_{si} ，则

$$I = I_s - \frac{U}{R_{si}} \qquad (2-11)$$

根据等效的要求，式(2-10)、式(2-11)中对应项应该相等，即

$$\frac{U_s}{R_{su}} - \frac{U}{R_{su}} = I_s - \frac{U}{R_{si}}$$

当 $R_{si} = R_{su} = R_s$ 时，

$$I_s = \frac{U_s}{R_s} \quad \text{或} \quad U_s = I_s R_s \tag{2-12}$$

式(2-12)就是两种电源模型等效变换的条件。注意变换后电源的方向：电流源的电流流向是由电压源的负极指向正极。

注意：

(1) "等效"是指对外等效(等效互换前后对外的伏安特性一致)，对内不等效。

(2) 理想电压源与理想电流源不能等效变换。

(3) 两种实际电源模型的等效变换也可以进一步理解为含源支路的等效变换，即一个电压源与电阻相串联的组合和一个电流源与电阻相并联的组合，也可以相互等效变换，而这个电阻不一定是电源的内阻。

例 2.6 将如图 2.18(a)、(c)所示电路的电源模型等效变换成另一种电源模型。

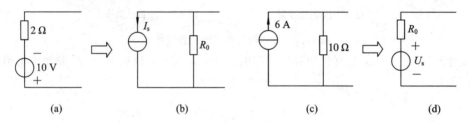

图 2.18 例 2.6 图

解 首先画出图 2.18 的实际电源的等效变换电路，如图 2.18(b)和(d)所示。注意电流源的方向(是由电压源的负极指向正极)和电压源的极性。

图 2.18 电路(b)：

$$I_s = \frac{U_s}{R_0} = \frac{10}{2} = 5 \text{ (A)}, \quad R_0 = 2 \text{ (}\Omega\text{)}$$

图 2.18 电路(c)：

$$U_s = I_s R_0 = 6 \times 10 = 60 \text{ (V)}, \quad R_0 = 10 \text{ (}\Omega\text{)}$$

例 2.7 将图 2.19(a)所示电路等效变换成一个实际电压源模型的电路，如图 2.19(b)所示。

解 变换过程详见图 2.19。将图(a)电路中的电压源模型转换为图(c)电路中的电流源模型($I_s = \frac{8}{6} = \frac{4}{3}$ (A))，模型中 6 Ω 电阻大小不变；图(d)是合并图(c)两 6 Ω(并联)的电阻为 3 Ω；图(d)中的电流源模型转换为图(e)的电压源模型($U_s = \frac{4}{3} \times 3 = 4$ (V)，$R_0 = 3 + 2 = 5$ (Ω))。最后的结果见图 2.19(b)。

前面学习基尔霍夫定律时，已知当几个理想电压源串联时，理想电压源可以直接合并；当几个理想电流源并联时，理想电流源也可以直接合并。

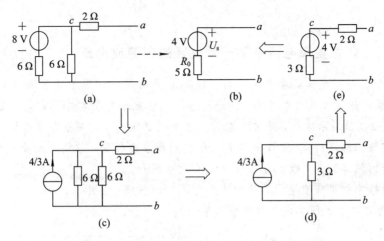

图 2.19　例 2.7 图及图解

例 2.8　将如图 2.20(a)、(b)所示电路等效变换成含一个电源和一个电阻的电路。

解　具体变换过程如图 2.20(d)和(c)所示。

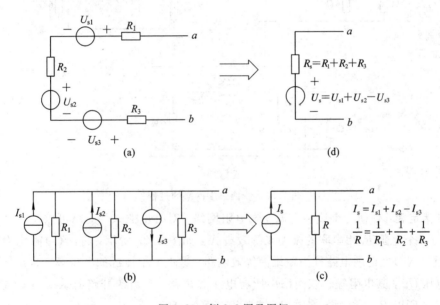

图 2.20　例 2.8 图及图解

2.3　戴 维 南 定 理

2.3.1　戴维南定理概述

在电路分析中，戴维南定理是最常用的定理之一，特别适用于分析计算单个支路或局部电路中的电流和电压。应用戴维南定理，可以简化电路组成，将被求电路变量的支路作为二端网络的端口，将二端网络简化为戴维南等效电路。比如对于多级放大电路，当我们需要讨论末级放大输出时，可将输出级前面的电路简化为戴维南等效电路，给分析计算带来方便。

［情境 7］ 计算复杂电路中某一条支路的电流或电压

见图 2.21(a)所示电路，若求电流 I_1，则以 a、b 为端口，用虚框框住其余部分，见图 2.21(b)，虚框部分为有源二端网络，将此网络简化后就容易求电流 I_1 或电压 U_{ab}。

再看图 2.21(a)所示电路，若求电流 I_2，则以 c、d 为端口，将原电路转化为图 2.21(c) 虚框所示的有源二端网络（这里只是将 I_2 支路移到最左边位置，并没有改变电路结构），如果将此虚框内的网络简化，也就容易求电流 I_2 或电压 U_{cd}。

在二端网络中如果含有电源，就称其为有源二端网络（见图 2.21(b)、(c)虚线框里的电路）。戴维南定理用于简化复杂的有源二端网络。

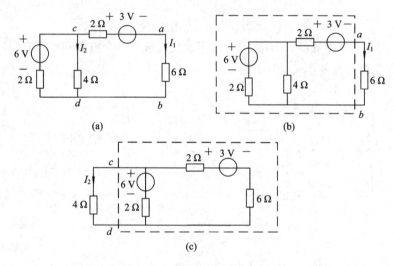

图 2.21 变换二端网络的过程

戴维南定理：任何一个线性有源二端电阻网络，对外电路来说，总可以用一个理想电压源 U_s 与一个电阻 R_0 相串联的模型来等效替代。如图 2.22 所示，将图(a)简化为图(b)。图 2.22(b)、(d)虚框内电路称为戴维南等效电路，这里的电压源的电压等于含源二端网络的开路电压 U_{oc}，其电阻等于该网络中所有电压源短路、电流源开路时从端口看过去的等效电阻 R_0，所以 R_0 也称为入端电阻，或戴维南等效电阻。

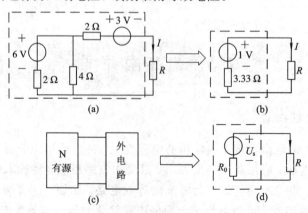

图 2.22 变换戴维南等效过程

2.3.2　戴维南定理的运用

1. 图解法

对于有些电路，我们可以直接采取图解的方法，根据两种实际电源模型的等效互换原理，对电路进行等效变换，合并电源和电阻，使电路最后简化为戴维南等效电路。

图解法因直观和易掌握，故非常适用于含电流源与电阻并联及电压源与电阻串联的电路，或不含受控源的电路的戴维南等效变换。

例 2.9　求图 2.23 所示电路的戴维南等效电路。

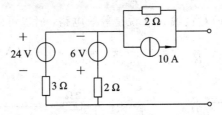

图 2.23　例 2.9 图

解　解题过程详见图 2.24。利用前面学过的两种实际电源模型的等效互换原理，将图 2.23 电路中两并联的电压源模型等效转换为两电流源模型，见图 2.24(a)。

合并并联的电流源和电阻，如图 2.24(b)所示。

再将电流源模型转换为电压源模型，如图 2.24(c)所示。

最后合并串联的电压源和电阻，最终的戴维南等效电路如图 2.24(d)所示。

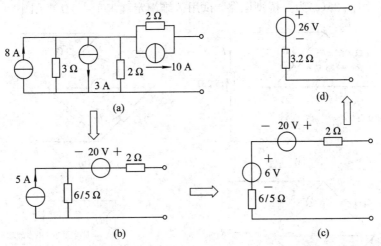

图 2.24　例 2.9 解图

2. 计算法

戴维南等效电路中电压源的电压等于有源二端网络的开路电压 U_{oc}，即 $U_{s} = U_{oc}$，其电阻 R_0 等于该网络中所有独立源为零值(即所有的电压源短路、电流源开路)时的入端电阻。画戴维南等效电路时，电压源的极性必须与开路电压的极性保持一致，即当 U_{oc} 的计算结果为正数时，U_{s} 的极性与 U_{oc} 的参考方向一样；当 U_{oc} 的计算结果为负数时，U_{s} 的极性与 U_{oc} 的参考方向相反。

显然，运用该方法的核心是求出开路电压和等效电阻。

例 **2.10**　用戴维南定理求图 2.22(a)所示电路中的电流 I，已知负载 $R=6.67\ \Omega$。

解　先求开路电压，见图 2.25(a)：

$$I'=0,\quad I''=\frac{6}{2+4}=1\ (\text{A})$$

$$U_s=U_{oc}=-3-2I'+4I''=-3-0\times2+4\times1=1\ (\text{V})$$

再将电压源短路，得图 2.25(b)，求入端电阻：

$$R_0=\frac{2\times4}{2+4}+2=3.33\ (\Omega)$$

由于图 2.22(a)和图 2.25(c)对负载 R 来说是等效电路，所以可由图 2.25(c)求电流 I：

$$I=\frac{U_s}{R_0+R}=\frac{1}{3.33+6.67}=0.1\ (\text{A})$$

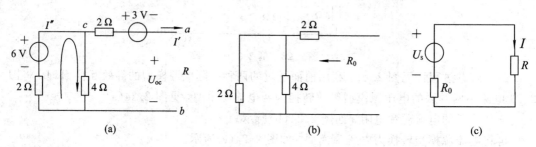

图 2.25　例 2.10 图

例 **2.11**　图 2.26(a)为一桥型电路，试用戴维南定理求 15.2 Ω 电阻中流过的电流 I。

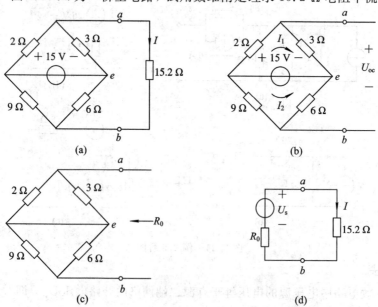

图 2.26　例 2.11 图

解　先求开路电压，如图 2.26(b)所示，显然

$$I_1=\frac{15}{2+3}=3\ (\text{A}),\quad I_2=\frac{15}{9+6}=1\ (\text{A})$$

$$U_{oc} = U_{ae} + U_{eb} = 3I_1 - 6I_2 = 3 \times 3 - 6 \times 1 = 3 \text{ (V)}$$

再将电压源短路，见图 2.26(c)，求入端电阻：

$$R_0 = \frac{2 \times 3}{2 + 3} + \frac{9 \times 6}{9 + 6} = 4.8 \text{ (Ω)}$$

由于图 2.26(a)可用图 2.26(d)来等效，所以可由图 2.26(d)求电流 I：

$$I = \frac{U_s}{R_0 + 15.2} = \frac{3}{4.8 + 15.2} = 0.15 \text{ (A)}$$

例 2.12　用戴维南定理求图 2.27(a)所示电路中的电流 I。

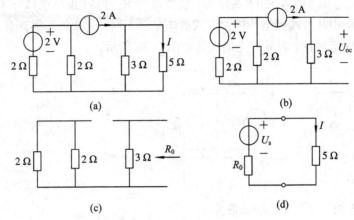

图 2.27　例 2.12 图

解　求开路电压，见图 2.27(b)：

$$U_s = U_{oc} = 3 \times 2 = 6 \text{ (V)}$$

再将电压源短路、电流源开路，见图 2.27(c)，求入端电阻：

$$R_0 = 3 \text{ (Ω)}$$

由图 2.27(d)求得

$$I = \frac{U_s}{R_0 + 5} = \frac{6}{3 + 5} = 0.75 \text{ (A)}$$

戴维南等效电阻 R_0 的计算方法：

① 将所有独立源置零，利用电阻的串、并、混联或△-Y变换，求入端电阻 R_0。

② 求二端网络的开路电压 U_{oc} 和短路电流 I_{sc}，见图 2-28(a)，则戴维南等效电阻 $R_0 = U_{oc}/I_{sc}$。

③ 将该网络所有独立源置零，在端口处外加一电压 U，见图 2.28(b)，计算（或测量）端口电流 I，则 $R_0 = U/I$。

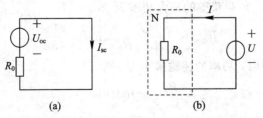

图 2.28　戴维南等效电阻 R_0 的计算

2.3.3 最大功率传输原理

在电子信息工程中，常常要求负载在什么条件下能够从电路中获得最大功率，可利用最大功率传输原理求解该问题。

通常，若前级信号源（或驱动电路）是一个含源线性二端电路 A，则可以由戴维南等效电路来代替，如图 2.29 所示，负载用电阻来等效。

由戴维南定理可知，任何有源二端网络均可用图 2.29 中所示电路等效。在等效电路中，电源的电压 U_{oc} 及其内阻 R_0 均为定值，负载电阻 R_L 可调（或可选择）。由电路图可知，若负载电阻不同，则从二端网络传输给负载的功率也不同。负载能否得到最大功率将由 R_L 的值决定。为了便于讨论，将等效电路重画如图 2.30 所示。

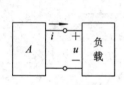 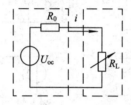 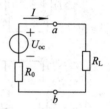

图 2.29　戴维南等效电路　　　　　　图 2.30　重画等效电路

由图 2.30 可知，电路中的电流值为

$$I = \frac{U_{oc}}{R_0 + R_L}$$

则负载电阻 R_L 上的功率为

$$P = I^2 R = \left(\frac{U_{oc}}{R_0 + R_L}\right)^2 R_L$$

由导数求极值的方法可知，若令 $\dfrac{dP}{dR} = 0$，则功率 P 取得极值。由于 $R_L = 0$ 时，$P = 0$；$R_L \to \infty$ 时，$P \to 0$，故该极值为最大值。所以要使负载的功率 P 达到最大值，对导数等于零的方程进行求解可得：

$$R_L = R_0 \tag{2-13}$$

当负载电阻 R_L 与戴维南等效输出电阻 R_0 相等时，R_L 能够获得最大功率。由此可得最大功率传输定理：当含源二端网络的开路电压 U_{oc} 和戴维南等效电阻 R_0 保持一定时，若负载电阻 R_L 与等效电阻 R_0 相等，则负载能从电源（或信号源）获得最大功率。

$R_L = R_0$ 是负载获得最大功率的条件，通常把此时电路的工作状态也称为功率匹配状态。在功率匹配状态下，负载获得的最大功率为

$$P_{max} = \left(\frac{U_{oc}}{R_0 + R_L}\right)^2 R_L = \frac{U_{oc}^2}{4R_0}$$

负载获得最大功率时，功率的传输效率为

$$\eta = \frac{P_{max}}{U_{oc} I} \times 100\% = 50\%$$

由上式可见，在功率匹配状态时，电源所产生的功率一半供给负载，另一半消耗在内阻上，功率的传输效率并不高。但对于通信和电子工程，由于其信号功率较小，所以负载

获得最大功率为主要问题，传输效率为次要问题，因此，常需使系统达到功率匹配状态。而在电力系统中，输送的功率很大，必须把减少功率损耗、提高传输效率作为主要问题，所以电力系统不能在功率匹配状态下工作。

　　另外要注意：如果 R_L 固定，R_0 可变，则应使 R_0 尽量减小，才能使 R_L 获得的功率增大，当 R_0 为零时，R_L 获得最大功率。

　　例 2.13　电路如图 2.31(a)所示，$R_1 = R_2 = 20\ \Omega$，$U_s = 10\ \text{V}$，负载电阻 R_L 可调，求 R_L 为何值时能够获得最大功率，负载获得的最大功率是多少？

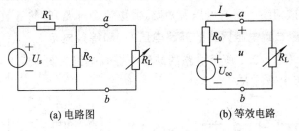

(a) 电路图　　　　　　　　　　(b) 等效电路

图 2.31　例 2.13 电路图及其等效电路

　　解　等效电路见图 2.31(b)，计算 U_{oc}、R_0：

$$U_{oc} = \frac{R_2}{R_1 + R_2} U_s = \frac{20}{20 + 20} \times 10 = 5\ (\text{V})$$

$$R_0 = \frac{R_1 R_2}{R_1 + R_2} = \frac{20 \times 20}{20 + 20} = 10\ (\Omega)$$

由最大功率传输原理可知，当 $R_L = R_0 = 10\ \Omega$ 时，负载获得最大功率，其值为

$$P_{max} = \frac{U_{oc}^2}{4R_0} = \frac{5^2}{4 \times 10} = 0.625\ (\text{W})$$

-·-

实操 5　戴维南定理及其计算法的实验验证

一、实操目的

　　(1) 熟悉并验证戴维南定理，加深对戴维南定理及其计算法的理解。

　　(2) 学习有源线性二端网络等效参数的测量方法。

二、注意事项

　　(1) 严禁将电压源输出端短路，严禁带电拆、接线路。

　　(2) 正确选择仪表的量程。

　　(3) 将仪表接入电路时，应注意其正、负极性应与电路的参考方向保持一致。使用指针式仪表测量电流和电压时，如指针反偏，要及时调换表笔，并在测量值前加"—"号。

三、实验设备

　　(1) 直流稳压电源 1 台。

　　(2) 直流电压表 1 只。

（3）直流毫安电流表 1 只。

（4）100 Ω、300 Ω 电阻各 1 只，200 Ω 电阻 2 只，100 Ω～900 Ω 可变电阻 1 套。

（5）实验电路板 1 套。

四、实验内容与实验操作步骤

由戴维南定理知：任何一个线性含源二端电阻网络，对外电路来说，总可以用一个电压源与一个电阻相串联的模型来等效替代。其中，电压源的电压等于含源二端网络的开路电压 U_{oc}，电阻等于该网络中所有电压源短路（或电流源开路）时的等效电阻 R_0。

1. 测量线性含源二端电阻网络的开路电压 U_{oc} 和等效电阻 R_0

对负载 R_L 来说，图 sy5.1 所示电路的戴维南等效电路为图 sy5.2 所示电路，并用戴维南定理测量出或计算出 U_s、R_0。

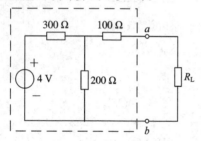

图 sy5.1　线性含源二端电阻网络

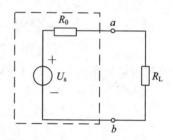

图 sy5.2　戴维南等效电路

（1）测量开路电压 U_{oc}。将图 sy5.1 中的 a、b 两端断开，如图 sy5.3(a)所示，用直流电压表测得 $U_s = U_{oc} = $ _____ V，将测量结果记录到表 sy5.1 中。

（2）等效电阻 R_0 直接测量法。再将电压源去掉，用导线短路替代，如图 sy5.3(b)所示，用万用表电阻挡测得 $R_0 = R_{ab} = $ _____ Ω，将测量结果记录到表 sy5.1 中。

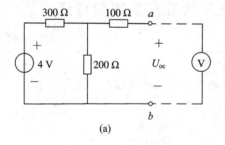

(a)

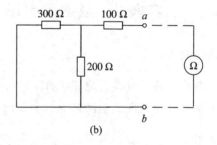

(b)

图 sy5.3　戴维南定理测量电路

（3）用开路短路法计算等效电阻 R_0：

$$R_0 = \frac{U_{oc}}{I_{sc}}$$

其中，I_{sc} 为短路电流，U_{oc} 为开路电压。在图 sy5.3 (a)中，已经测量得到开路电压 U_{oc}。另用图 sy5.4 测量短路电流 I_{sc}，测量结果填入表 sy5.1 中。

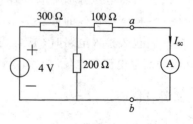

图 sy5.4　测量短路电流

表 sy5.1 实 验 数 据

测量 R_0	
测量 U_{oc}	
测量 I_{sc}	
计算 $R_0 = \dfrac{U_{oc}}{I_{sc}}$	

思考题：比较等效电阻 R_0 直接测量法与开路短路法计算的结果。

2. 验证两等效电路的伏安特性

通过观察两个二端网络的端口电压和电流是否相同来看它们是否等效。实验电路如图 sy5.5 所示。调节负载 R_L 大小（见表 sy5.2），分别测量图 sy5.5 所给电路的电流和电压（即伏安特性）。

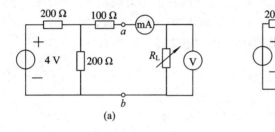

(a)   (b)

图 sy5.5 两等效电路的伏安特性验证电路

表 sy5.2 验证两等效电路的伏安特性数据记录表

负载电阻 R_L/Ω		0	100	200	300	400	500	600
有源线性二端网络	U/V							
	I/mA							
戴维南等效电路	U/V							
	I/mA							

思考题：比较有源线性二端网络与戴维南等效电路两电路的伏安特性数据。

五、实验报告

（1）整理实验数据，分析实验结果，画出测量电路图。

（2）比较等效电阻 R_0 直接测量法与开路短路法计算的结果，比较两等效电路的伏安特性数据。

2.4　受　控　源

前面介绍过的电源，它们的电压或电流是一定值或是一个固定的时间函数，我们称之为独立源。在电子电路分析中还会遇到另一类受电路中其他电流或电压控制的受控源。受控源与独立源在电路中的作用不同。独立源作为电路的输入，反映了外界对电路的作用；受控源是用来表示电路的某一器件中所发生的物理现象，反映了电路中某处的电压或电流能控制另一处的电压或电流。受控源的符号是用菱形代替独立源的圆形。

2.4.1　理想受控源

受控源有输入和输出两对端钮，输出端的电压或电流受输入端的电压或电流的控制。按照控制量和输出量(即被控制量)的组合情况，理想受控源电路有四种，见图2.32。

四种受控源的受控端与控制端之间的关系分别用四种系数 μ、γ、g、β 来表示，当这些系数为常数时，被控量与控制量成正比，这种受控源称为线性受控源。对于图2.32所示的理想受控源，从输入端看，图2.32(a)、(b)输入电阻为无穷大，图2.32(c)、(d)输入电阻为零；从输出端看，受控电压源内阻为零，受控电流源内阻为无穷大。

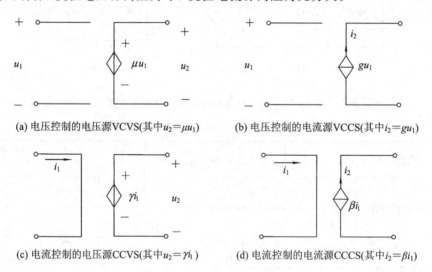

(a) 电压控制的电压源VCVS(其中 $u_2 = \mu u_1$)　　(b) 电压控制的电流源VCCS(其中 $i_2 = g u_1$)

(c) 电流控制的电压源CCVS(其中 $u_2 = \gamma i_1$)　　(d) 电流控制的电流源CCCS(其中 $i_2 = \beta i_1$)

图2.32　四种理想受控源

2.4.2　实际受控源

实际受控源的输入电阻 R_i 既不为零也不为无穷大，具有一定的值；而受控电压源或受控电流源的内阻 R_0 有时也要考虑进去。图2.33给出了四种实际受控源。

在今后的电子线路课程中，我们将看到受控源实际上是有源器件的等效模型，比如晶体管、电子管、场效应管、运算放大器等有源器件的电路模型可用受控源等效。例如图2.34(a)所示的晶体三极管，可用 H 参数小信号电路模型即受控源(CCCS)来等效，见图2.34(b)。由图可分析出，该电路输入电阻 $R_i = r_{be}$，输出电阻 $R_0 = \infty$。

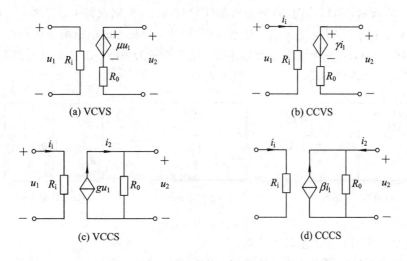

图 2.33　四种实际受控源

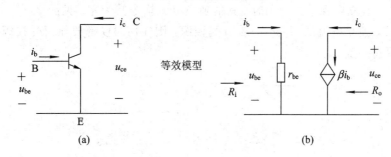

图 2.34　受控源举例

应当注意,受控源与独立源相比,有着本质的区别。独立源在电路中起"激励"作用,有了它,电路中就产生相应的电压或电流(常称之为"响应");而受控源不起激励作用,其电压(或电流)反而受电路中其他支路的电压或电流控制。控制量存在,受控源就存在,控制量为零,受控源也为零。它反映的是"控制量"与"被控制量"之间的关系,是一种电路现象。

实际受控源之间也可以进行等效变换,其等效条件和计算与独立源的相似。要特别注意的是:对电路进行化简时,不要把含控制量的支路消除掉。

2.5　叠 加 定 理

2.5.1　叠加定理概述

叠加定理是分析线性电路的一个重要定理,它体现了线性电路的基本性质。我们在同时计算多个支路的电流或电压时,采用叠加定理来分析计算会比较简便。

叠加定理是指,在线性电路中,当有两个或两个以上的独立源作用时,任意支路的电流(或电压)响应,等于电路中每个独立源单独作用下在该支路中产生的电流(或电压)响应的代数和。

如图 2.35 所示，可以将图(a)分解为图(b)和图(c)，分别求得 I_1'、I_1'' 和 I_2'、I_2''，由叠加定理可得：$I_1 = I_1' - I_1''$，$I_2 = I_2' + I_2''$。注意在图(b)中，当只考虑电压源的作用时，电流源视为开路；在图(c)中，当只考虑电流源作用时，电压源视为短路。在求 I_1 时 I_1' 之所以取"—"，是因为 I_1' 与 I_1 参考方向相反。

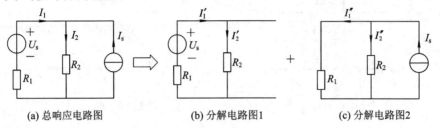

(a) 总响应电路图　　　　(b) 分解电路图1　　　　(c) 分解电路图2

图 2.35　叠加定理

应用叠加定理时，应注意以下几点：

(1) 叠加定理只适用于计算线性电路的电流和电压，不适用于非线性电路。

(2) 当某一独立电源单独作用时，其他独立电源均令其为零。见图 2.36，即其他独立电压源"短路"，独立电流源"开路"。若有受控源，则任何时候都要保留受控源。其余元件的电路结构保持不变。

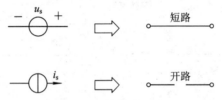

图 2.36　独立电源不起作用时的处理

(3) 要注意标明电流和电压的参考方向。在画分解电路时，因为比较好确定各支路电流或电压的实际方向，故标其参考方向时尽量与实际方向一致。

(4) 叠加时要注意电流或电压的"+"、"—"，某支路的电流或电压在分解电路里的方向与在总响应电路里的参考方向一致取"+"，反之取"—"。

(5) 由于功率与电流(或电压)之间是平方关系，因此不能用叠加定理直接计算功率。

(6) 运用叠加定理时也可以把电源分组求解，每个分电路的电源个数可能不止一个，见图 2.37。

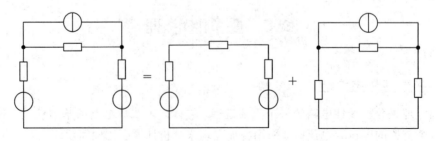

图 2.37　电源分组分解图

另外，线性电路还有一个重要的性质为齐次性，也称为齐次定理：在线性电路中，若所有电压源和电流源同时增大或减小 k 倍，则支路电流和电压也将同样增大或者减小 k

倍。齐次定理可以由叠加定理推导得到。

2.5.2　叠加定理的应用

例 2.14　电路如图 2.38 所示，试用叠加定理求电路中的 U。

解　当 12 V 电压源单独作用时，由叠加定理可得图 2.39。
由图 2.39 可得：

$$U' = \frac{12}{6+3} \times 3 = 4 \text{ (V)}$$

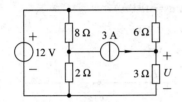

图 2.38　例 2.14 电路图

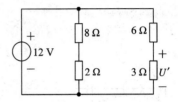

图 2.39　例 2.14 电压源单独作用时

当 3 A 电流源单独作用时，由叠加定理可得图 2.40（由（a）转换成（b））所示。
由图 2.40 可得：

$$U'' = (6 /\!/ 3) \times 3 = \frac{6 \times 3}{6+3} \times 3 = 6 \text{ (V)}$$

由于两分解电压的参考方向与总电压方向一致，则

$$U = U' + U'' = 4 + 6 = 10 \text{ (V)}$$

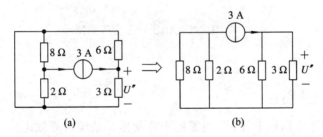

图 2.40　例 2.14 电流源单独作用时

注：在求解过程中一定要画图！并且注意在各电源单独作用时电压、电流参考方向是否与总图的参考方向一致，叠加时，若一致则该参数取"＋"号，相反时该参数取"－"号。

例 2.15　电路如图 2.41 所示，试用叠加定理求电路中的 I_1、I_2 和 U。

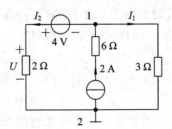

图 2.41　例 2.15 电路图

解 当单独由 4 V 电压源作用时，由叠加定理可得图 2.42。由图 2.42 可得：

$$I_2' = I_1' = \frac{4}{2+3} = 0.8 \text{ (A)}$$

当 2 A 电流源单独作用时，由叠加定理可得图 2.43。由图 2.43 可得：

$$I_1'' = 2 \times \frac{2}{2+3} = 0.8 \text{ (A)}$$

$$I_2'' = 2 - I_1'' = 2 - 0.8 = 1.2 \text{ (A)}$$

则原电路中电流 I_1 的大小为

$$I_1 = -I_1' + I_1'' = -0.8 + 0.8 = 0 \text{ (A)}$$

$$I_2 = 2 - I_1 = 2 - 0 = 2 \text{ (A)}$$

$$U = 2I_2 = 2 \times 2 = 4 \text{ (V)}$$

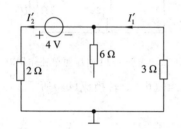
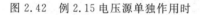

图 2.42　例 2.15 电压源单独作用时

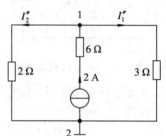

图 2.43　例 2.15 电流源单独作用时

*2.6　支路电流法

2.6.1　支路电流法概述

前面我们学习了电阻的串并联、电源的等效变换及戴维南等效定理，利用它们可对电路进行化简和计算，它们是非常常用的和有效的方法。但它们变换了原电路的结构，对于比较复杂的电路或求解的电路参数较多时，我们需要寻求更好的方法，即网络方程法，通过列写电路方程来求解电路变量。本书主要介绍两种网络方程法：支路电流法和节点电位法。

支路电流法是最基本、最直观的网络方程法，它直接应用基尔霍夫电流定理和电压定理，以全部支路电流为求解变量，分别对节点和回路列写所需的方程。设电路有 b 条支路，则有 b 个支路电流为求解变量，必须列写 b 个独立方程。若电路有 n 个节点和 m 个网孔，就有 $n-1$ 个独立节点，故可列写 $n-1$ 个节点的 KCL 方程；再对回路列写 $b-(n-1)$ 个 KVL 方程。对于平面电路，恰好有 $b-(n-1)=m$ 个网孔，即有时平面电路通常情况可按网孔数列出回路的 KVL 方程，当然对于只含有理想电流源支路的情况，可减少列方程数量，见例 2.18。在列写回路的 KVL 方程时，为了保证每一个方程都是独立方程，必须保证每次所选回路中至少包含一条新的支路。

2.6.2 支路电流法的应用

这里用一个具体电路来说明支路电流法的应用,如图 2.44 所示。已知 $R_1 = 2\ \Omega$,$R_2 = 3\ \Omega$,$R_3 = 4\ \Omega$,$U_{s1} = 14\ \text{V}$,$U_{s2} = 5\ \text{V}$,求各支路电流。

该电路有 3 条支路、两个节点、两个网孔。

(1) 首先标出 3 条支路的电流 I_1、I_2、I_3 及其参考方向,如图 2.44 所示。

(2) 以这 3 个电流为变量,列写方程。因这里有 a、b 两个节点,那么就只有一个独立节点,任选 a 点列写 KCL 方程:

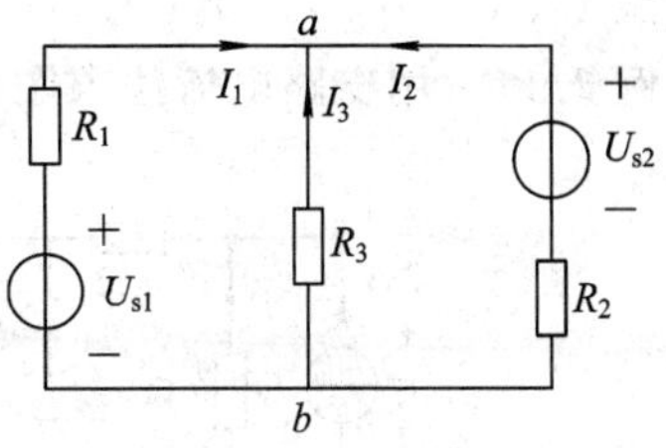

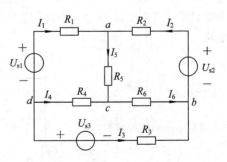

图 2.44 支路电流法举例

$$I_1 + I_2 + I_3 = 0 \qquad (2-14)$$

再设定各网孔的绕行方向,列写网孔的 KVL 方程

$$R_1 I_1 - R_3 I_3 - U_{s1} = 0 \qquad (2-15)$$
$$U_{s2} - R_2 I_2 + R_3 I_3 = 0 \qquad (2-16)$$

因有 3 个被求量,就建立 3 个独立方程求解。将已知数代入式(2-14)、式(2-15)、式(2-16),有

$$\left. \begin{array}{l} I_1 + I_2 + I_3 = 0 \\ 2I_1 - 4I_3 - 14 = 0 \\ 5 - 3I_2 + 4I_3 = 0 \end{array} \right\} \qquad (2-17)$$

解方程组(2-17),得各支路电流:$I_1 = 3\ \text{A}$,$I_2 = -1\ \text{A}$,$I_3 = -2\ \text{A}$。其中 I_2、I_3 计算结果为负值,说明其参考方向与实际方向相反。

由此归纳出支路电流法的解题步骤:

(1) 设定所求的 b 条支路的电流及参考方向。

(2) 任选 $n-1$ 个节点,列写 $n-1$ 个 KCL 方程。

(3) 设定各回路的绕行方向,列写 $b-(n-1)$ 个回路的 KVL 方程(通常可列写相应网孔的 KVL 方程)。

(4) 联立 b 个方程组,解出 b 个支路电流。

(5) 最后根据需要,进一步计算各元件的电压、功率等。

例 2.16 用支路电流法求解图 2.45 电路的各支路电流。

解 设各支路的电流及参考方向如图 2.45 电路所示。这里有 4 个节点,则有 3 个独立节点,任选 a、b、c 三点列写 KCL 方程:

$$I_1 + I_2 - I_5 = 0$$
$$-I_2 + I_3 + I_6 = 0$$
$$I_4 + I_5 - I_6 = 0$$

再设定各网孔的绕行方向,列写 3 个网孔的 KVL 方程:

图 2.45 例 2.16 图

$$R_1 I_1 + R_5 I_5 - R_4 I_4 - U_{s1} = 0$$
$$-R_2 I_2 - R_5 I_5 - R_6 I_6 + U_{s2} = 0$$
$$-R_3 I_3 + R_4 I_4 + R_6 I_6 - U_{s3} = 0$$

有 6 个被求的支路电流量，这里列写了 6 个独立方程。联立求解这 6 个方程，便可解出支路电流 I_1、I_2、I_3、I_4、I_5、I_6。

例 2.17 用支路电流法求图 2.46(a)所示电路中的电流 I 和电流源的端电压 U。

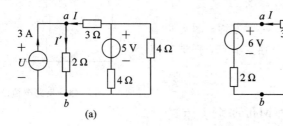

图 2.46 例 2.17 图

解 先将电路中电流源与电阻并联部分等效为电压源与电阻串联，可减少一个节点和一条支路，得图 2.46(b)所示电路。因电流为 I 的支路没有改变，用此方法求出 I。U 实际上也是 2 Ω 电阻的端电压，由 KCL 定律可知，流过该电阻的电流为 $I' = I + 3$，则 $U = 2I' = 2(I+3)$。

图 2.46(b)中有 3 条支路、2 个节点，即 1 个独立节点，需列写 1 个 KCL 方程、2 个 KVL 方程：

$$\left.\begin{array}{l} -I + I_2 + I_3 = 0 \\ 3I + 2I + 6 + 4I_2 - 5 = 0 \\ 4I_2 - 5 - 4I_3 = 0 \end{array}\right\}$$

联立求解方程组，得 $I = -0.5$ A，$I_2 = 0.375$ A，$I_3 = -0.875$ A。所以电流源的端电压 U 为

$$U = 2 \times (I + 3) = 2 \times (-0.5 + 3) = 5 \ (V)$$

例 2.18 用支路电流法计算图 2.47 所示电路中的各支路电流。已知 $U_s = 3$ V，$I_{s1} = 4$ A，$I_{s2} = 2$ A，$R_1 = 6$ Ω，$R_2 = 2$ Ω，$R_3 = 3$ Ω。

解 该电路共有 6 条支路，4 个节点，3 个网孔。其中两条支路为电流源，所以待求变量只有 4 个，需要列出 4 个含有各支路电流的独立方程。支路电流的参考方向如图 2.47 所示。

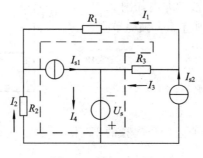

图 2.47 例 2.18 图

列写 3 个节点的 KCL 方程：

$$I_1 + I_2 - I_{s1} = 0$$
$$- I_1 - I_3 + I_{s2} = 0$$
$$I_3 - I_4 + I_{s1} = 0$$

根据 KVL 定律列写虚线所示回路电压方程（由于电流源的端电压无法确定，在选择回路时避开含有电流源的支路）：

$$I_2 R_2 - I_1 R_1 + I_3 R_3 - U_s = 0$$

将已知数代入，得如下方程组：

$$\left. \begin{aligned} I_1 + I_2 - 4 &= 0 \\ - I_1 - I_3 + 2 &= 0 \\ I_3 - I_4 + 4 &= 0 \\ 2I_2 - 6I_1 + 3I_3 - 3 &= 0 \end{aligned} \right\}$$

解该方程组得：$I_1 = 1$ A，$I_2 = 3$ A，$I_3 = 1$ A，$I_4 = 5$ A。

*2.7　节 点 电 位 法

2.7.1　节点电位法概述

节点电位法是网络方程法的另一种分析计算电路的方法，它不仅用于求解平面电路，还可用于对非平面电路的求解，尤其适用于节点较少而支路较多的复杂电路，且便于运用计算机辅助分析计算。

在电路中选一节点为参考点，则任一节点与电位参考点之间的电压称为节点电位。节点电位法是：先以节点电位为求解变量，有几个独立节点就可列几个节点方程，先求出节点电位，进而再求支路电压和支路电流。节点电位法与支路电流法比较，节点电位法的方程数减少了 $b - (n-1)$ 个。我们可以用基尔霍夫定律和欧姆定律来推导节点电位法的节点方程，在此不多叙述。对于具有 n 个节点的电路，其节点方程有 $n-1$ 个，其标准形式为

$$\left. \begin{aligned} G_{11}U_1 + G_{12}U_2 + \cdots + G_{1(n-1)}U_{(n-1)} &= I_{s11} \\ G_{21}U_1 + G_{22}U_2 + \cdots + G_{2(n-1)}U_{(n-1)} &= I_{s22} \\ G_{31}U_1 + G_{32}U_2 + \cdots + G_{3(n-1)}U_{(n-1)} &= I_{s33} \\ \vdots \\ G_{(n-1)1}U_1 + G_{(n-1)2}U_2 + \cdots + G_{(n-1)(n-1)}U_{(n-1)} &= I_{s(n-1)(n-1)} \end{aligned} \right\} \qquad (2-18)$$

现以图 2.48 电路为例来说明节点电位法。该电路有 3 个节点，先选取一个节点为参考点，标上符号"⊥"，一般选取连接支路较多的节点为参考点，则其他两个节点的电位分别为 U_1 和 U_2，参考方向均以参考点为"−"极。具有两个独立节点的节点方程标准式为

$$\left. \begin{aligned} G_{11}U_1 + G_{12}U_2 &= I_{s11} \\ G_{21}U_1 + G_{22}U_2 &= I_{s22} \end{aligned} \right\}$$

（1）G_{11}、G_{22} 称为自电导，其值恒为正，其中 G_{11} 为节点 1 所连接全部支路的电导之和：

$$G_{11} = G_1 + G_3$$

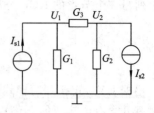

G_{22} 为节点 2 所连接全部支路的电导之和：

$$G_{22} = G_2 + G_3$$

（2）G_{12}、G_{21} 称为互电导，其值恒为负，为节点 1 与节点 2 之间的公共电导：

$$G_{12} = G_{21} = -G_3$$

图 2.48　节点电位法举例

若某两节点间无公共电导，则其互电导为 0。

（3）I_{s11} 为节点 1 所连接全部电源支路流入该节点的电流代数和（电源电流流进节点取正，流出取负），即 $I_{s11} = I_{s1}$。

I_{s22} 为节点 2 所连接全部电源支路流入该节点的电流代数和（电源电流流进节点取正，流出取负），即 $I_{s22} = -I_{s2}$。

总之在式（2 - 18）中，自电导有 G_{11}，G_{22}，G_{33}，…，G_{mm}，…，$G_{(n-1)(n-1)}$，其余的 G_{pq}（$p \neq q$）均为节点 p 与节点 q 之间的互电导。各个节点所连接的全部电源支路流入该节点的电流代数和（这里我们简称为"节点电源全电流"）分别为 I_{s11}，I_{s22}，I_{s33}，…，$I_{s(n-1)(n-1)}$。

2.7.2　节点电位法的应用

节点电位法的应用步骤：

（1）选定一个参考点（一般选取连接支路较多的节点），其余节点与参考点间的电压就是节点电位，节点电位的参考方向均以参考点为"－"极。

（2）列出相应的节点方程的规范式（见式（2 - 18）所示）。

（3）计算出自电导、互电导（自电导恒为正，互电导恒为负）和节点电源全电流（电源电流流进节点取正，流出取负）代入节点方程。当连接到节点的是电压源 U_{sk} 与电阻 R_k（或电导 G_k）的串联支路时，电压源电流为 $U_{sk}G_k$，其参考极性"＋"极指向节点时 $U_{sk}G_k$ 取正。

（4）联立求解方程组，解出节点电位。

（5）利用节点电位求出各支路电流或其他电路变量。

例 2.19　电路如图 2.49 所示，已知 $G_1 = 2$ S，$G_2 = 4$ S，$G_3 = 1$ S，$I_{s1} = 20$ A，$I_{s2} = 6$ A，$I_{s3} = 2$ A，试建立节点方程，并求解各支路电流。

解　选参考点、节点电位和各支路未知电流的参考方向，如图 2.49 所示。该电路有 3 个节点，故有 2 个节点方程：

$$\left. \begin{array}{l} G_{11}U_1 + G_{12}U_2 = I_{s11} \\ G_{21}U_1 + G_{22}U_2 = I_{s22} \end{array} \right\} \qquad (2 - 19)$$

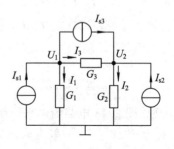

图 2.49　例 2.19 图

其中自电导

$$G_{11} = G_1 + G_3 = 2 + 1 = 3 \text{ (S)}$$
$$G_{22} = G_2 + G_3 = 4 + 1 = 5 \text{ (S)}$$

互电导

$$G_{12} = G_{21} = -G_3 = -1 \text{ (S)}$$

节点电源全电流

$$I_{s11} = I_{s1} - I_{s3} = 20 - 2 = 18 \ (A)$$
$$I_{s22} = I_{s2} + I_{s3} = 6 + 2 = 8 \ (A)$$

将以上数值代入式(2-19),得

$$\left. \begin{aligned} 3U_1 - U_2 &= 18 \\ -U_1 + 5U_2 &= 8 \end{aligned} \right\}$$

联立求解,得

$$U_1 = 7 \ (V), \qquad U_2 = 3 \ (V)$$

所以

$$I_1 = U_1 G_1 = 7 \times 2 = 14 \ (A)$$
$$I_2 = U_2 G_2 = 3 \times 4 = 12 \ (A)$$
$$I_3 = U_{12} G_3 = (U_1 - U_2)G_3 = (7 - 3) \times 1 = 4 \ (A)$$

例 2.20 求图 2.50 所示电路中的电流 I(图中标示的电阻元件电阻值单位均为 Ω)。

解 取 d 点为参考点,a、b、c 三点的电位分别是 U_1、U_2、U_3,则其节点方程的规范式为

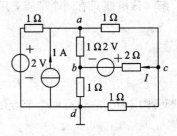

图 2.50 例 2.20 图

$$\left. \begin{aligned} G_{11}U_1 + G_{12}U_2 + G_{13}U_3 &= I_{s11} \\ G_{21}U_1 + G_{22}U_2 + G_{23}U_3 &= I_{s22} \\ G_{31}U_1 + G_{32}U_2 + G_{33}U_3 &= I_{s33} \end{aligned} \right\} \quad (2-20)$$

$$G_{11} = 1 + 1 + 1 = 3 \ (S)$$

$$G_{22} = 1 + 1 + \frac{1}{2} = 2.5 \ (S)$$

$$G_{33} = 1 + 1 + \frac{1}{2} = 2.5 \ (S)$$

$$G_{12} = G_{21} = -1 \ (S)$$

$$G_{13} = G_{31} = -1 \ (S)$$

$$G_{23} = G_{32} = -0.5 \ (S)$$

$$I_{s11} = 1 + \frac{2}{1} = 3 \ (A)$$

$$I_{s22} = -\frac{2}{2} = -1 \ (A)$$

$$I_{s33} = \frac{2}{2} = 1 \ (A)$$

将以上计算值代入式(2-20),得

$$\left. \begin{aligned} 3U_1 - U_2 - U_3 &= 3 \\ -U_1 + 2.5U_2 - 0.5U_3 &= -1 \\ -U_1 - 0.5U_2 + 2.5U_3 &= 1 \end{aligned} \right\}$$

联立求解方程组,得

$$U_1 = 1.5 \ (V), \qquad U_2 = \frac{5}{12} \ (V), \qquad U_3 = \frac{13}{12} \ (V)$$

最后计算 cb 支路电流，有

$$I = \frac{U_3 - U_2 - 2}{2} = \frac{\frac{13}{12} - \frac{5}{12} - 2}{2} = -\frac{2}{3} \text{（A）}$$

例 2.21 已知 $R_1 = 2\ \Omega$，$R_2 = 3\ \Omega$，$R_3 = 1\ \Omega$，$R_4 = 6\ \Omega$，$U_{s1} = 4\ \text{V}$，$U_{s2} = 6\ \text{V}$，$U_{s3} = 3\ \text{V}$。试用节点电位法，求图 2.51 所示电路中的电流 I。

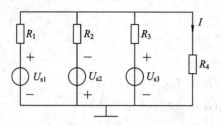

图 2.51 例 2.21 图

解 该电路只有两个节点，用节点电位法最为简单，只需列一个独立节点方程：

$$G_{11}U_1 = I_{s11}$$

即

$$\left(\frac{1}{R_1} + \frac{1}{R_2} + \frac{1}{R_3} + \frac{1}{R_4}\right)U_1 = \frac{U_{s1}}{R_1} - \frac{U_{s2}}{R_2} + \frac{U_{s3}}{R_3}$$

上式可推广为其它只有两个节点的电路的节点电压的一般形式：

$$U_1 = \frac{\sum\limits_{k=1}^{k} \dfrac{U_{sk}}{R_k}}{\sum\limits_{k=1}^{k} \dfrac{1}{R_k}} \tag{2-21}$$

$$U_1 = \frac{\dfrac{U_{s1}}{R_1} - \dfrac{U_{s2}}{R_2} + \dfrac{U_{s3}}{R_3}}{\dfrac{1}{R_1} + \dfrac{1}{R_2} + \dfrac{1}{R_3} + \dfrac{1}{R_4}} = \frac{\dfrac{4}{2} - \dfrac{6}{3} + \dfrac{3}{1}}{\dfrac{1}{2} + \dfrac{1}{3} + 1 + \dfrac{1}{6}} = \frac{3}{2} \text{（V）}$$

$$I = \frac{U_1}{R_4} = \frac{1.5}{6} = 0.25 \text{（A）}$$

式（2-21）称为弥尔曼定理，它是节点电位法的一种特殊情况。

* 例 2.22 图 2.52 电路为一数/模变换（DAC）解码网络，当二进制的某位为"1"时，对应的开关就接在电压 U_s 上，且 $U_s = 15\ \text{V}$；某位为"0"时，对应的开关就接地。图中开关位置表明输入为二进制的"1010"，求证该电路完成了数/模变换，即输出电压 $U_o = 10\ \text{V}$。

解 该电路只有两个节点，有一个节点接地，另一个节点电位就是模拟输出电压 U_o。根据弥尔曼定理（见式（2-21）），可求出输出电压：

$$U_o = \frac{\sum (G_k U_{sk})}{\sum G_k}$$

$$U_o = \frac{\dfrac{8}{R}U_s + \dfrac{4}{R} \times 0 + \dfrac{2}{R}U_s + \dfrac{1}{R} \times 0}{\dfrac{8}{R} + \dfrac{4}{R} + \dfrac{2}{R} + \dfrac{1}{R}} = \frac{\dfrac{10}{R}U_s}{\dfrac{15}{R}} = \frac{10}{15}U_s = \frac{10}{15} \times 15 = 10 \text{（V）}$$

请读者自己来验证二进制输入为"1111"时，模拟输出电压 U_o 为多大。

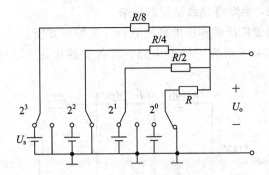

图 2.52　例 2.22 图

例 2.23　用节点电位法求解如图 2.53 所示电路的
节点电位。

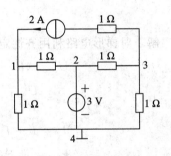

图 2.53　例 2.23 图

解　该题有两个特殊的地方：

（1）理想电压源直接接在节点 2 与 4 之间，因节点
4 为参考点，所以

$$U_2 = 3 \ (\text{V})$$

故节点 2 的节点方程可省略。

（2）因与 2 A 理想电流源串联的 1 Ω 电阻不会影响
其它支路电流，故在列写节点方程时均不予考虑（相当于 $R_{13} - \infty$）。

节点 1 和节点 3 的节点方程规范式：

$$G_{11}U_1 + G_{12}U_2 + G_{13}U_3 = I_{\text{s}11}$$
$$G_{31}U_1 + G_{32}U_2 + G_{33}U_3 = I_{\text{s}22}$$

计算：

$$G_{11} = \frac{1}{1} + \frac{1}{1} + 0 = 2 \ (\text{S})$$

$$G_{33} = \frac{1}{1} + \frac{1}{1} + 0 = 2 \ (\text{S})$$

$G_{12} = G_{21} = -\dfrac{1}{1} = -1(\text{S})$, $G_{13} = G_{31} = 0(\text{S})$, $G_{32} = -\dfrac{1}{1} = -1(\text{S})$, $I_{\text{s}11} = 2(\text{A})$, $I_{\text{s}33} = -2(\text{A})$,

代入上式，得

$$\left.\begin{aligned} 2U_1 - U_2 &= 2 \\ U_2 &= 3 \\ -U_2 + 2U_3 &= -2 \end{aligned}\right\}$$

联立求解，得：$U_1 = 2.5 \ \text{V}$，$U_3 = 0.5 \ \text{V}$。

*2.8　齐 性 定 理

在线性电路中，当所有电压源和电流源都增大或缩小 k 倍（k 为实常数），则支路电流和电压也将同样增大或缩小 k 倍,这就是齐性定理。注意,必须是电路中全部电压源和电流源都增大或缩小 k 倍,否则将导致错误的结果。

齐性定理对于应用较广泛的梯形电路的分析计算特别方便。

例 2.24 如图 2.54 所示为一梯形电路,求各支路电流。已知 $R_1 = R_3 = R_5 = 3\ \Omega$,$R_2 = R_4 = R_6 = 6\ \Omega$。

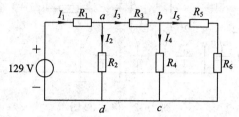

图 2.54 例 2.24 图

解 对梯形电路利用齐性定理求解比较方便。设 $I'_5 = 1$ A,则

$$U'_{bc} = (R_5 + R_6)I'_5 = 9\ (\text{V})$$

$$I'_4 = \frac{U'_{bc}}{R_4} = \frac{9}{6} = 1.5\ (\text{A})$$

$$I'_3 = I'_4 + I'_5 = 1.5 + 1 = 2.5\ (\text{A})$$

$$U'_{ad} = R_3 I'_3 + U'_{bc} = 3 \times 2.5 + 9 = 16.5\ (\text{V})$$

$$I'_2 = \frac{U'_{ad}}{R_2} = \frac{16.5}{6} = 2.75\ (\text{A})$$

$$I'_1 = I'_2 + I'_3 = 2.75 + 2.5 = 5.25\ (\text{A})$$

$$U'_s = R_1 I'_1 + U'_{ad} = 3 \times 5.25 + 16.5 = 32.25\ (\text{V})$$

现已知 $U_s = 129$ V,即电源电压增大了 $k = \dfrac{129}{32.25} = 4$ 倍,因此,各支路电流也相应增大 4 倍,所以

$$I_1 = kI'_1 = 4 \times 5.25 = 21\ (\text{A})$$

$$I_2 = kI'_2 = 4 \times 2.75 = 11\ (\text{A})$$

$$I_3 = kI'_3 = 4 \times 2.5 = 10\ (\text{A})$$

$$I_4 = kI'_4 = 4 \times 1.5 = 6\ (\text{A})$$

$$I_5 = kI'_5 = 4 \times 1 = 4\ (\text{A})$$

本例计算是从梯形电路距离电源最远的一端算起,倒推到电源处。通常把这种方法叫"倒推法"。计算结果最后按齐性定理予以修正。

练 习 题 2

2-1 求如图 2.55 所示各电路的等效电阻 R_{ab}。

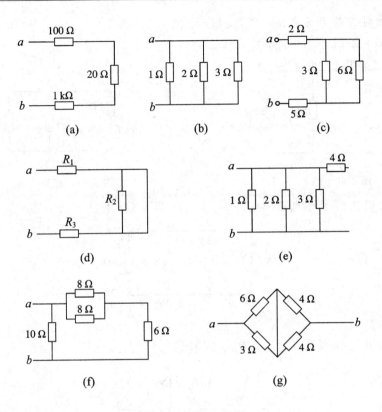

图 2.55　题 2-1 图

2-2　求图 2.56 所示电路中的电压 U。

2-3　如图 2.57 所示电路，求 U_{ab}。

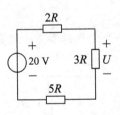

图 2.56　题 2-2 图

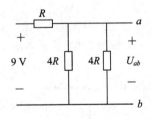

图 2.57　题 2-3 图

2-4　如图 2.58 所示电路，求 R_2。

2-5　如图 2.59 所示电路，求 I_1、R_{ab}、G_{ab}。

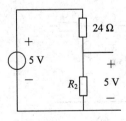

图 2.58　题 2-4 图

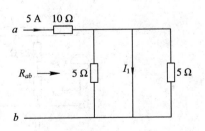

图 2.59　题 2-5 图

2-6 如图 2.60 所示电路，求 I_2、U_{ab}。

2-7 如图 2.61 所示电路，求 I、U_{ab}。

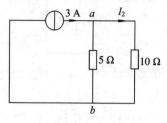
图 2.60 题 2-6 图

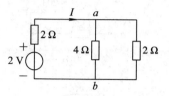
图 2.61 题 2-7 图

2-8 求图 2.62 所示电路中电流 I_1、I_2、I_3 以及等效电阻 R_{ab}。

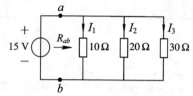
图 2.62 题 2-8 图

2-9 如图 2.63 所示电路，求 R_{ab}、I、I_1、U_{da}、U_{be}。

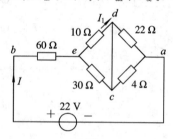
图 2.63 题 2-9 图

2-10 将如图 2.64 所示各电路分别等效变换成含一个电压源和一个电阻串联的二端电路。

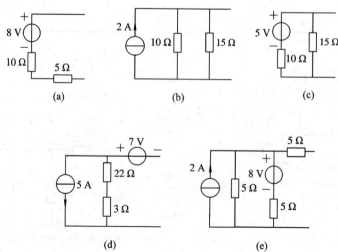
图 2.64 题 2-10 图

2-11　利用戴维南定理求如图 2.65 所示电路中的电流 I，并画出相应的戴维南等效电路。

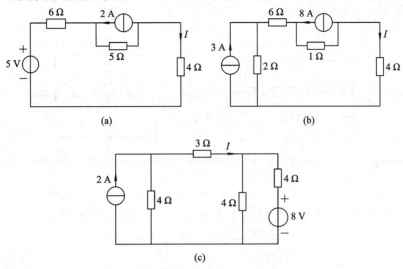

图 2.65　题 2-11 图

2-12　电路如图 2.66 所示，求 R_L 获得最大功率时的电阻值，并计算出 R_L 所能获得的最大功率。

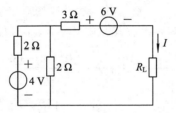

图 2.66　题 2-12 图

2-13　试用叠加定理求解如图 2.67 所示电路中的电流 I_1、I_2 和电压 U_1。

2-14　试用叠加定理求解图 2.68 所示电路中各支路的电流及电压 U。

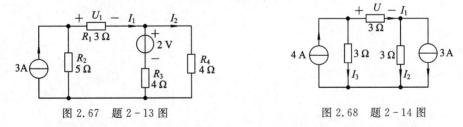

图 2.67　题 2-13 图　　　　　　图 2.68　题 2-14 图

2-15　用叠加定理或支路电流法求图 2.69 所示电路中各支路电流。

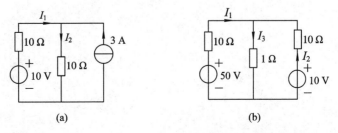

图 2.69　题 2-15 图

2-16 如图 2.70(a)、(b)所示,选择参考点,用节点电位法求出其它各节点对于参考点的电压,并计算各支路电流。

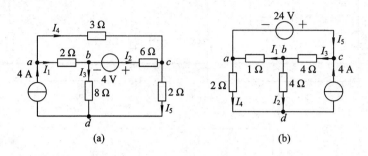

(a)   (b)

图 2.70 题 2-16 图

2-17 用弥尔曼定理求图 2.71 所示电路中通过 6 Ω 电阻的电流 I。

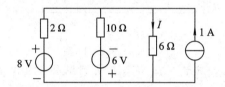

图 2.71 题 2-17 图

2-18 求图 2.72 所示电路中的支路电流 I_1、I_2、I_3、I_4、I。

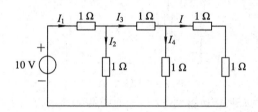

图 2.72 题 2-18 图

第 3 章

正弦交流电路

> **本**章主要介绍正弦交流电稳态电路的一般分析、计算方法(即学会借助复数作为运算工具对交流电进行分析计算)及其基本应用,以及谐振电路的特性分析与应用。此外,还介绍了交流电压测量技术与测量方法,学习使用电子毫伏表和信号源。

3.1　正弦交流电的基本概念

电路中电流、电压的大小和方向随时间按一定的规律周期性地变化,且在一个周期内其平均值为零,称其为(纯)交流电。在交变电路中,应用最多的是随时间按正弦函数变化的电流或电压,称为正弦交流电。目前国际和国内电力工程中所用的电流或电压,几乎都采用正弦函数的形式。

图 3.1 是电力系统的简化框图,发电机输出的是正弦交流电,通过变压器升压后便于传输,然后又通过变压器逐步降压后送到用户端。

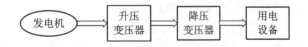

图 3.1　电力系统简化框图

电气电子工程上使用的非正弦的周期函数,也都可以用若干正弦函数叠加组成。所以学会对正弦交流电进行分析计算,具有实际意义。

3.1.1　正弦量的三要素

正弦交流电(或信号)在任一时刻的值 $u(t)$、$i(t)$,称为瞬时值,其电压或电流随时间按正弦函数变化。在指定的参考方向下,正弦电压、电流的瞬时值表示为(参见图 3.2 和图 3.3)

$$u(t) = U_m \sin(\omega t + \varphi_u) \tag{3-1}$$

$$i(t) = I_m \sin(\omega t + \varphi_i) \tag{3-2}$$

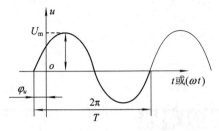

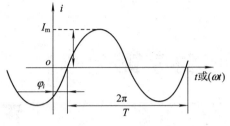

图 3.2　正弦交流电压波形　　　　　　　图 3.3　正弦交流电流波形

注意：因交流电方向是周期性发生变化的，所以我们规定交流电流或电压的正半波的方向为其交流电流或电压的参考方向。

以上交流量的瞬时值反映了电压或电流随时间的变化规律，其表达式亦叫做交流量的解析式。由式(3-1)、式(3-2)可见，确定一个正弦量必须具备三个要素：振幅值(简称幅值)U_m、I_m，角频率 ω 和初相 φ_u、φ_i。也就是说知道了正弦量的这三个要素，一个正弦量就可以完全确定地描述出来了。

(1) 振幅值：正弦量瞬时值中的最大值叫振幅值，恰巧也是峰值，如图 3.2(或图 3.3)所示的 U_m(或 I_m)。振幅值简称幅值，反映了正弦量振荡的幅度，与峰值在概念上有区别，详见 3.2.2 章节中图 3.6 所示。幅值的单位与相应的电压(或电流)单位保持一致。振幅的大小反映了正弦量变化的范围(或幅度)，如图 3.4(a)所示的 U_{m1}、U_{m2} 均为其正弦量的幅值。

(2) 角频率 ω(或频率 f、周期 T)：周期性交变量(或正弦量)循环一次所需的时间叫周期 T。交流量在单位时间内完成循环的次数叫做频率 f。角频率 ω 表示在单位时间内正弦量所经历的电角度。在一个周期 T 时间内，正弦量经历的电角度为 2π 弧度(rad)，如图 3.2(或图 3.3)所示。周期与频率、角频率的关系为

$$f = \frac{1}{T}, \quad \omega = \frac{2\pi}{T} = 2\pi f \tag{3-3}$$

周期 T 的单位为秒(s)，频率 f 的单位为赫兹(Hz)，角频率 ω 的单位为弧度/秒(rad/s)。频率单位 1 Hz(赫兹)表示交流量在 1 秒钟完成 1 个循环周期。赫兹的一千倍称为千赫，用 kHz 表示。赫兹的一百万倍称为兆赫，用 MHz 表示：

$$1 \text{ kHz} = 10^3 \text{ Hz}, \quad 1 \text{ MHz} = 10^6 \text{ Hz}$$

频率的大小反映了交流电(如正弦量)变化的快慢，频率越高，表明交流电变化越快。

(3) 初相 φ_u，φ_i 与相位：$\omega t + \varphi_u$ 为电压正弦量的相位角，$\omega t + \varphi_i$ 为电流正弦量的相位角，简称相位。显然正弦量在不同的瞬间有着不同的相位，因而有着不同的状态(包括瞬时值和变化趋势)。所以相位反映了正弦量每一瞬间的状态或变化进程。相位的单位为弧度(rad)，所以角频率 ω 也反映了相位变化的速度。

φ_u，φ_i(见图 3.2 和图 3.3)为电压和电流的初相位或初相角(简称初相)。初相反映了正弦量在计时起点(即 $t=0$ 时)所处的状态。初相的单位也为弧度(rad)。

正弦量的相位和初相都和计时起点的选择有关。正弦量在一个周期内瞬时值两次为零，现规定由负值向正值变化之间的一个零叫正弦量的起点零值。取正弦量的该零值瞬间为计时起点，见图 3.4(c)中的 u_1 曲线，$\varphi_1=0$。若 $t=0$ 时正弦量之值为正，它在计时起点之前已达到零值，该零值在坐标原点之左，初相为正，见图 3.4(c)中 φ_2(或图 3.2 中的 φ_u，该正弦量相位为 $\omega t + \varphi_u$)。同理，初相为负时，起点零值在坐标原点之右(见图 3.3 中的 φ_i，该正弦量相位为 $\omega t - \varphi_i$)。

注意：在图 3.2 和图 3.3 中，初相通常用绝对值不大于 180°的角来描述。初相角在纵轴的左边时为正角，一般取 $0° \leqslant \varphi \leqslant 180°$；在纵轴的右边时为负角，一般取 $-180° < \varphi < 0°$。

下面我们用图形来观察正弦量的三要素对正弦函数波形的影响，以两电压信号为例，如图 3.4(a)所示，两正弦电压的三要素中角频率相同，初相相同，只有振幅不同，即 $U_{m1} > U_{m2}$，式 $u_1(t) = U_{m1} \sin\omega t$ 改变为 $u_2(t) = U_{m2} \sin\omega t$。

若只改变电压信号的频率(亦即周期)，$u_1(t) = U_m \sin\omega t$ 改变为 $u_2(t) = U_m \sin2\omega t$，波形的变化如图 3.4(b)所示。

若只改变电压信号的初相，$u_1(t) = U_m \sin\omega t$ 改变为 $u_2(t) = U_m \sin(\omega t + \varphi_2)$，则波形的变化如图 3.4(c)所示。

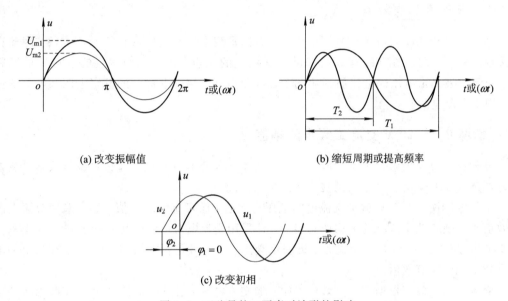

(a) 改变振幅值　　　　　　　　　(b) 缩短周期或提高频率

(c) 改变初相

图 3.4　正弦量的三要素对波形的影响

3.1.2　相位差

两个同频率正弦量的相位之差，称为相位差。例如式(3-1)、式(3-2)电压和电流的相位差为

$$\varphi = (\omega t + \varphi_u) - (\omega t + \varphi_i) = \varphi_u - \varphi_i \tag{3-4}$$

虽然正弦量的相位是随时间变化的，但同频率的正弦量的相位差不随时间改变，等于它们的初相之差。当两个同频率正弦量的计时起点作同样的改变时，它们的相位和初相也随之改变，但两者之间的相位差始终不变。由于初相与参考方向的选择有关，所以相位差也与参考方向的选择有关。

在正弦电路的分析与计算中，我们发现同一电路中的各电压、电流都是同频率的正弦量，而且有一定的相位差，此时需考虑它们之间的相位差。注意，各正弦量必须以同一瞬时为计时起点才能比较它们的相位差。对于相位差为零(即初相相同)的两个正弦量，称之为同相，如图 3.4(a)所示。

如图 3.4(c)所示，两电压之间的相位差为 $\varphi = \varphi_2 - \varphi_1 = \varphi_2 - 0 = \varphi_2$，我们称电压 u_2 超前电压 u_1 角 φ_2，或电压 u_1 滞后电压 u_2 角 φ_2。

如果两电量之间的相位差 $\Delta\varphi = \varphi_2 - \varphi_1 = 0$，称之为同相，如图 3.4(a)所示。如果 $\Delta\varphi = \varphi_2 - \varphi_1 = 180°$，则称之为反相，见图 3.5 所示。

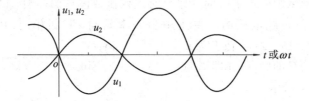

图 3.5　反相关系

3.1.3　正弦量的有效值

由于正弦量的瞬时值是随时间变化的，无论是测量还是比较或计算都不方便，因此在实际应用中，采用交流电的有效值来反映交流电的大小。比如我们常说的 220 V 的工频电、交流仪表测量电压或电流所指示的值、电器和电机铭牌上标示的额定电压和电流的值等，均是交流电的有效值。

［情境 8］　220 V 交流工频电的幅值

若购得一台其电源耐压为 300 V 的进口电器，是否可以将该电器的电源插头插进我们平时使用的 220 V 的工频电的插座上？

工频电所说的 220 V 就是交流电的电压有效值。像直流电的数值一样，采用交流电的有效值来反映正弦交流电的平均作功能力。即采用交流电对电阻的热效应能量的大小来反映交流电量的大小。用大写的英文字母表示交流电的有效值，如 I、U 分别表示交流电的电流有效值和电压有效值。

交流电的有效值根据它的热效应确定：如交流电流 i 通过电阻 R 在一个周期内所产生的热量和直流电流 I 通过同一电阻 R 在同样时间内所产生的热量相等，则这个直流 I 的数值叫做交流 i 的有效值。

根据热量相等

$$I^2RT = \int_0^T i^2 R\ \mathrm{d}t$$

得正弦电流有效值与正弦量幅值的关系：

$$I = \sqrt{\frac{1}{T}\int_0^T i^2\ \mathrm{d}t} = \sqrt{\frac{1}{T}\int_0^T (I_\mathrm{m}\sin\omega t)^2\ \mathrm{d}t} = \frac{I_\mathrm{m}}{\sqrt{2}} = 0.707 I_\mathrm{m} \qquad (3-5)$$

同样得正弦电压有效值与正弦量幅值的关系：

$$U = \frac{U_\mathrm{m}}{\sqrt{2}} = 0.707 U_\mathrm{m} \qquad (3-6)$$

或

$$U_\mathrm{m} = \sqrt{2}U, \qquad I_\mathrm{m} = \sqrt{2}I \qquad (3-7)$$

有效值又叫均方根值。显然正弦量的有效值为其幅值的 0.707 倍，有效值能够反映交流电量的大小，可以代替振幅值作为正弦量的一个要素。即正弦量常表示为

电压：$u = \sqrt{2}U \sin(\omega t + \varphi_u)$

$$\text{电流：} i = \sqrt{2}I \sin(\omega t + \varphi_i) \qquad\qquad (3-8)$$

可见，交流电压有效值 220 V 说明其交流量 $u = 311 \sin(\omega t + \varphi_u)$(V)与直流量的 220 V 的作功能力是等效的。

[**回答情境 8 的问题**]　我国家庭和工作场所所用的工频电源(插座)的电压为 220 V，指的就是工频交流电压的有效值是 220 V，其幅值(最大值)实际为 $U_m = \sqrt{2}U = \sqrt{2} \times 220 = 311$(V)。而该电器最高耐压 300 V 低于电源电压的最大值，所以电源最大值 311 V 超过了该电器的最高耐压 300 V，该电器不能用。

例 3.1　已知某正弦交流电压、电流的瞬时值分别为：

$$u(t) = 300 \sin\left(2000\pi t + \frac{\pi}{6}\right) (\text{mV})$$

$$i(t) = 5 \sin\left(2000\pi t - \frac{\pi}{3}\right) (\text{mA})$$

分别写出该电压、电流的幅值和有效值，频率、周期、角频率，初相以及电压与电流的相位差。

解　电压、电流的幅值

$$U_m = 300 \text{ mV}, \qquad I_m = 5 \text{ mA}$$

有效值

$$U = \frac{300}{\sqrt{2}} = 212.1(\text{mV}), \quad I = \frac{5}{\sqrt{2}} = 3.5(\text{mA})$$

角频率　　　　　　　　　　　　$\omega = 2000\pi$ (rad/s)

频率

$$f = \frac{\omega}{2\pi} = \frac{2000\pi}{2\pi} = 1000 \text{ Hz}$$

周期　　　　　　　　　　　$T = \frac{1}{f} = 0.001(\text{s})$

初相　　　　　　　　　$\varphi_u = \frac{\pi}{6}, \qquad \varphi_i = -\frac{\pi}{3}$

电压与电流的相位差

$$\varphi = \varphi_u - \varphi_i = \frac{\pi}{6} - \left(-\frac{\pi}{3}\right) = \frac{\pi}{2}$$

*3.2　交流电压测量技术与测量方法

电压、电流和功率是表征电信号能量的三个基本电量。另外，电子测量的内容还包括晶体管电压放大倍数、调幅度、功率放大倍数、幅频特性曲线等电压的各种派生量。这些都可以通过电压测量获得结果。所以电压测量是电子测量中最基本、最常用、最重要的内容，是电子测量的基础。本节主要讨论如何采用交流电子电压表对正弦电压的稳态值和其他典型的周期性非正弦电压参数进行测量。

3.2.1　交流电压测量的基本要求及其分类

交流电压测量的基本要求是：

(1) 频率范围足够宽，从几十赫兹到几百兆赫兹。电子电压表按电压频率范围可分为超低频电压表(低于 10 Hz)、中低频电压表(低于 1 MHz)、视频电压表(低于 10 MHz)、高频和射频电压表(低于 300 MHz)以及超高频电压表(高于 300 MHz)。

(2) 电压测量范围足够宽，从零点几微伏至几十千伏。

(3) 测量准确度足够高。

(4) 输入阻抗足够高。

(5) 抗干扰能力足够强。

(6) 能测量各种波形的信号电压。

交流电子电压表的类型很多，按照测量结果的显示方式分为模拟式(指针式)电压表和数字式电压表。模拟式电压表与数字式电压表相比较，数字式电压表(DVM)具有精度高、测速快、抗干扰能力强和便于实现智能化、自动化等优点。但由于数字式电压表不能较直观地实时地观测到交变电压的变化情况，故不能完全替代模拟式电压表。

交流电压表用来测量交流电压，测量原理通常都是先通过 AD/CD(交流/直流)转换器(即检波器)将交流转换成直流，然后按照测量直流电压的方法进行测量显示。显然，检波器是交流电压测量的核心。按照检波原理的不同，电压表分为峰值型电压表、平均值型电压表、有效值型电压表。应用比较普遍的是均值型电压表。

3.2.2 交流电压的测量原理和测量方法

1. 表征交流电压的几个参数

交流电压的表征量包括平均值 $\overline{U}$、峰值 U_p、幅值 U_m、有效值 U、波形因数 k_F、波峰因数 k_p。

(1) 平均值 $\overline{U}$ 又称为均值(见图 3.6)，指波形中的直流成分，所以纯交流电压的平均值为 0。测量交流电压的平均值特指交流电压经过均值检波器(即整流)后波形的平均值：

$$\overline{U} = \frac{1}{T} \int_0^T |u(t)| \, dt \qquad (0 \leqslant t \leqslant T)$$

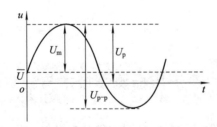

图 3.6 交流电压的峰值、幅值、平均值、峰-峰值

(2) 峰值 U_p 指交流电压在一个周期内(或一段时间内)以零电平为参考基准的最大瞬时值，见图 3.6 所示的 U_p。对于纯交流电压信号，峰值等于幅值。波形的谷值(最小值)到峰值称为峰-峰值 $U_{p\text{-}p}$，也经常作为表征交流电压的参量。

(3) 波形因数 k_F 定义为电压的有效值 U 与平均值 $\overline{U}$ 之比，即：

$$k_F = \frac{U}{\overline{U}}$$

（4）波峰因数 k_p 定义为电压的峰值 U_p 与有效值 U 之比，即：

$$k_p = \frac{U_p}{U}$$

不同波形的波形因数和波峰因数具有不同的定值，见表 3.1。

表 3.1　常见波形的波形因数和波峰因数

名称	波形	波形因数 k_F	波峰因数 k_p	有效值 U	平均值 $\bar{U}$
正弦波	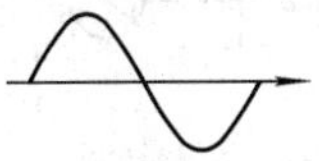	1.11	$\sqrt{2}$	$\dfrac{U_p}{\sqrt{2}}$	$\dfrac{2U_p}{\pi}$
方波	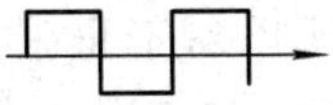	1	1	U_p	U_p
三角波	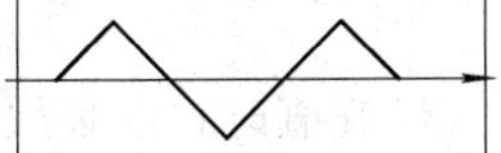	1.15	1.73	$\dfrac{U_p}{\sqrt{3}}$	$\dfrac{U_p}{2}$
锯齿波		1.15	1.73	$\dfrac{U_p}{\sqrt{3}}$	$\dfrac{U_p}{2}$
脉冲波	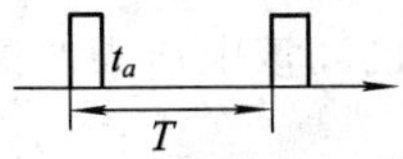	$\sqrt{\dfrac{T}{t_a}}$	$\sqrt{\dfrac{T}{t_a}}$	$\sqrt{\dfrac{t_a}{T}}U_p$	$\dfrac{t_a}{T}U_p$

2. 交流电压测量原理和测量方法

（1）峰值电压表：峰值电压表一般采用检波-放大形式，即被测交流电压先检波后放大，然后驱动直流电流表，其结构框图如图 3.7 所示。峰值电压表的特点是被测信号电压的频率范围广，可达几百兆赫兹，比较适于高频测量。

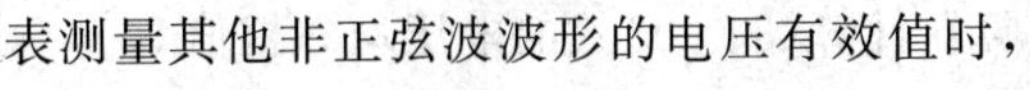

图 3.7　峰值电压表结构框图

注意，几乎所有的交流电压表都是按正弦波电压的有效值定度的，所以对于正弦波，电压表的示值 U_a 就是正弦波电压有效值 U。因此峰值电压表测量正弦波，显示的电压值就是正弦波电压有效值 U。

但是，用峰值电压表测量其他非正弦波波形的电压有效值时，必须进行波形换算，且按下式进行换算：

$$U = \frac{\sqrt{2}}{k_p}U_a \tag{3-9}$$

其中，U_a 为仪表显示的值，U 为非正弦波波形的电压真有效值，k_p 为波峰因数，详见表 3.1。

例 3.2　用峰值电压表测量某正弦波和三角波的电压，已知测量后该电压表的读数均为 10 V，试分别指出正弦波、三角波的电压真有效值。

解　仪表显示的值就是正弦波的电压真有效值，即：

$$U = U_a = 10 \ (\text{V})$$

三角波的电压真有效值为：

$$U = \frac{\sqrt{2}}{k_p} U_a = \frac{\sqrt{2}}{1.73} \times 10 \approx 8.17 \text{ (V)}$$

（2）均值电压表：均值电压表一般采用放大-检波形式，即被测交流电压先放大后检波，然后驱动直流电流表，其结构框图如图 3.8 所示。均值电压表属宽频毫伏表，频率范围为 20 Hz～10 MHz，具有较好的线性刻度，波形误差较小，广泛应用于交流电压的测量中。

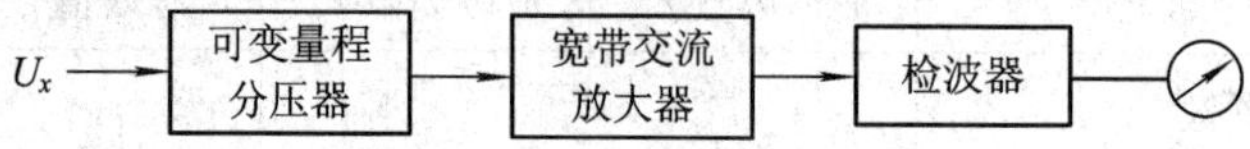

图 3.8　均值电压表结构框图

同样，均值电压表也是按正弦波电压的有效值定度的，所以对于正弦波，电压表的示值 U_a 就是正弦波电压有效值 U。因此均值电压表测量正弦波，显示的电压值就是正弦波电压有效值 U。

但是，用均值电压表测量其他非正弦波波形的电压真有效值时，也必须进行波形换算，且按下式进行换算：

$$U \approx 0.9 k_F U_a \tag{3-10}$$

其中，U_a 为仪表显示的值，U 为非正弦波波形的电压真有效值，k_F 为波形因数。

例 3.3　用均值电压表测量某正弦波、三角波的电压，已知该电压表的读数均为 12 V，试分别计算正弦波、三角波的电压真有效值。

解　仪表显示的值就是正弦波的电压有效值，即：

$$U = U_a = 12 \text{ (V)}$$

三角波的电压有效值为：

$$U = 0.9 k_p U_a = 0.9 \times 1.15 \times 12 \approx 12.42 \text{ (V)}$$

（3）有效值电压表：有效值电压 U 是指在一个周期内，通过某纯电阻负载所产生的热量与一个直流电压在同一负载产生的热量相等时，该直流电压的数值就是交流电压的有效值，即：

$$U = \sqrt{\frac{1}{T} \int_0^T u^2(t) \, dt} \tag{3-11}$$

有效值电压表中的检波器直接反映被测电压有效值。检波器种类较多，有热电转换式（即利用热电偶电路实现电压有效值的转换）、检波式（常用分段逼近式有效值检波器）、计算式［即利用模拟集成运算器计算（3-11）式的电压均方根值 U］。

对于有效值电压表，一般认为无论交流电压是怎样的波形，也不管有效值电压表是哪一种，有效值电压表的读数就是被测电压的真有效值。即当测量非正弦波时，其电压的真有效值可直接从表头读出，而不需要用公式来换算。

实际上，当利用有效值电压表测量非正弦波时，还是有可能产生波形误差的。一个原因是受电压表线性工作范围的限制，当测量波峰因数大的非正弦波时，有可能削波，使这一部分的波形得不到响应；另一个原因受电压表带宽的限制，使高次谐波受到损失。这两个原因可能导致仪表读数偏低。

实操 6　交流电子电压表和信号源的使用

一、实验目的

（1）掌握低频信号发生器（比如 XD2 等）的使用。

（2）掌握电子电压表的使用。

（3）了解"电压"与"电平"的关系，了解电平的单位；熟悉低频信号发生器输出电压的换算。

（4）正确选择交流电压表，了解电压表的频率响应范围对测量高频电压信号准确度的影响。

二、实验设备

（1）低频信号（函数信号）发生器 1 台。

（2）交流电子电压表 1 只。

（3）模拟式万用表 1 只。

三、实验内容和实验操作步骤

1. 熟悉信号源的使用

信号源有低频信号发生器、函数信号发生器、高频信号发生器等，可以输出正弦交流信号，也可以输出非正弦交流信号，如方波信号等。函数信号发生器外观见图 sy6.1。

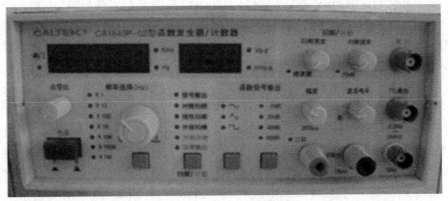

图 sy6.1　函数信号发生器

函数信号发生器的使用方法：

（1）打开电源，选择波形，如正弦波、方波、三角波等。

（2）调节信号输出频率。低频信号发生器的输出频率范围为 1 Hz～1 MHz，高频信号发生器的输出频率范围为 100 kHz～150 MHz。先用"频率范围"旋钮（或按钮）进行频率的粗调，再用"频率调节"旋钮（或按钮）进行频率的细调。由此选择好信号频率。

（3）调节信号输出的电压。调节"输出电平"旋钮，有些信号源不衰减（即 0 dB）输出的电压 U_z 为 0～5 V，有些信号源输出的 U_z 可达 0～35 V。此外还有"输出衰减"旋钮（或按钮），可将这些信号衰减 10 dB、20 dB、30 dB 至 60 dB 等，衰减的分贝数计算按下式进行：

$$输出的衰减电平分贝数 = 20 \lg \frac{U_z}{U_。}$$

其中 $U_。$ 为衰减后的实际输出电压。

2. 熟悉电子电压表的使用

用均值型电子电压表（见图 sy6.2），分别测量函数信号发生器在不同的频率、不同衰减时的输出电压 $U_。$。该表频率响应范围为 20 Hz～1 MHz，电压有效值量程范围为 1 mV～300 V，即共有：1 mV、3 mV、10 mV、30 mV、100 mV、300 mV、1 V、3 V、10 V、30 V、100 V、300 V 等挡位（见"测量范围"量程旋钮）。

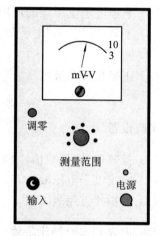

图 sy6.2 　均值型电子电压表

首先将电子电压表"测量范围"的量程旋钮置于预测的最大电压挡位，比如这里应先将量程旋钮置于 10 V 挡进行测量（因为信号源此时输出电压峰-峰值 $U_{p-p} = 10$ V），测试时如果仪表指针偏转很小，就要将量程旋钮置换到较小的挡位，如转换到 3 V 挡等。总之，要让指针偏转尽量大（即尽量靠近满偏转，但不能超过满偏转）。

在读电压表数字时，要注意指针所对应的指示刻度和电压单位，并进行相应的换算。该电压表的表盘有两排刻度（第一排刻度满度是 10，第二排刻度满度是 3），而"测量范围"量程旋钮旁的所有挡位的第一个数字或是"1"，如：1 mV 挡、10 mV 挡、100 mV 挡、1 V 挡、10 V 挡、100 V 挡；或是"3"，如：3 mV 挡、30 mV 挡、300 mV 挡、3 V 挡、30 V 挡、300 V 挡。凡"测量范围"量程旋钮置于挡位的第一个数字是"1"时，应该看第一排满度为"10"的刻度线来读数，然后根据满刻度数与量程的关系来换算倍数关系。例如，对于 10 mV 挡和 10 V 挡，倍数是 1，直接读数，前者单位是 mV，后者单位是 V；对于 1 mV 挡和 1 V 挡，读出的数字需乘 1/10＝0.1，前者单位是 mV，后者单位是 V；对于 100 mV 挡和 100 V 挡，读出的数字需乘 100/10＝10，前者单位是 mV，后者单位是 V。

同理，凡"测量范围"量程旋钮置于挡位的第一个数字是"3"时，应该看第二排满度为"3"的刻度线来读数，然后根据满刻度数与量程的关系换算倍数关系。例如，对于 3 mV 挡和 3 V 挡，倍数是 1，直接读数；对于 30 mV 挡和 30 V 挡读出的数字，需乘 10；对于 300 mV 挡和 300 V 挡读出的数字，需乘 100。最后必须要确定电压的单位，根据"测量范围"量程旋钮置于的挡位所标示的单位来确定是"mV"还是"V"。

3. 用电子电压表测量信号发生器的输出电压

本实验采用的函数信号发生器能输出频率为 1 Hz～1 MHz 的正弦信号，其电压表指示为峰-峰值电压 U_{p-p}，调节"输出电压"旋钮，使显示的电压峰-峰值 $U_{p-p} = 10$ V。

选择函数信号发生器的输出波形为正弦波，其输出频率和输出电平衰减的分贝数字详见表 sy6.1。

表 sy6.1 用电子电压表测量信号发生器的输出电压

测量电压值 $U_\circ$		信号发生器衰减前指示峰-峰值电压为 $U_{p\text{-}p}=10$ V，衰减的分贝数：					
		正 弦 波				三角波	方波
		0 dB	20 dB	40 dB	60 dB	20 dB	20 dB
信号源频率	58 Hz						
	300 Hz						
	4 kHz						
	60 kHz						
	200 kHz						
计算值		理论计算正弦波衰减后的输出电压				非正弦波测量值换算成真有效值电压	

(1) 调节好函数信号发生器"输出电压"旋钮，使显示的电压峰-峰值 $U_{p\text{-}p}=10$ V（或低频信号发生器上的表头指示为 4 V）。

(2) 接入电子电压表，先将量程旋钮置于 10 V 挡。

(3) 选择函数（低频）信号发生器的波形为"正弦波"，信号源输出频率为 58 Hz。

(4) 分别使函数（低频）信号发生器上的"电平衰减"旋钮调至 0 dB、20 dB、40 dB、60 dB，用电子电压表分别测量在该频率时的输出电压 $U_\circ$，将测量电压 $U_\circ$ 的数据填入表 sy6.1 相应的空格中。

(5) 在衰减为 20 dB 时，将信号源波形分别改变成"方波"和"三角波"，仍用电子电压表测量信号源各频率的输出电压，将测量电压 $U_\circ$ 的数据填入表 sy6.1 相应的空格中。

然后再将函数（或低频）信号发生器波形选择为"正弦波"，调节频率为 300 Hz，重复上述步骤，以此类推。

最后将测量数据填入表 sy6.1 中，并将"正弦波"的信号发生器指示电压按衰减公式进行理论计算，理论计算结果与电子电压表测量结果进行比较验证。对于"方波"和"三角波"，必须根据均值表对非正弦信号的修正公式，计算其真正的有效值电压。

4. 试用普通的模拟式万用表测量信号源电压，与电子电压表测量结果进行比较

用万用表测量信号发生器的输出，观察在较高频率时测量误差将较大。模拟式万用表的频率响应范围一般为 40 Hz～1 kHz，故测量较高频率的交流信号就会带来较高误差。用模拟式万用表分别测量信号发生器输出的正弦信号频率为 58 Hz、200 Hz、700 Hz、50 kHz、100 kHz、300 kHz 时的电压，将模拟式万用表的测量结果与电子电压表测量结果进行比较，说明什么情况下用模拟式万用表测量电压将产生较大误差。将测量结果填入表 sy6.2 中。

表 sy6.2　模拟式万用表测量与电子电压表测量进行比较

频　率	信号发生器指示峰-峰值电压为 $U_{p-p}=10$ V，正弦波，衰减 20 dB	
	模拟式万用表测量的电压	电子电压表测量的电压
58 Hz		
200 Hz		
700 Hz		
50 kHz		
100 kHz		
300 kHz		

思考：用模拟式万用表测量较高频率的电压时，与用电子电压表测量结果比较，为什么差距较大？测量较高频率的信号电压时，哪种表更准确？

四、实验报告

（1）比较信号源输出电压的换算结果与电子电压表测量的结果，发表自己的看法。

（2）在同一输出衰减挡，频率的改变会引起电压改变吗？为什么？

（3）用模拟式万用表测量较高频率的电压时，与用电子电压表测量结果比较，为什么差距较大？测量较高频率的信号电压时，哪种表更准确？

（4）交流电压表的指示值是指正弦电压的什么值（即交流电压表的指示值一般是按什么波形的什么值来刻度的）？

3.3　正弦量的相量表示法及复数运算

3.3.1　正弦量的相量表示

［情境 9］　正弦函数四则运算的难度与解决办法

对于正弦量的瞬时值解析式（即三角函数式），其计算极不方便。如图 3.9（a）所示，已知 $i_1=10\sin(\omega t+80°)$（A），$i_2=5\sin\omega t$（A），求电流 i。在线性电路中，如果全部激励都是同一频率的正弦函数，则电路中的全部稳态响应也将是同一频率的正弦函数。

问题：$i=i_1+i_2=10\sin(\omega t+80°)+5\sin\omega t=(?)\sin(\omega t+?)$（A）

如图 3.9（b）所示波形图，正弦量 i_1 与同频率的 i_2 相加仍得到同频的正弦量 i，所以，只需确定初相位和有效值，即可得到两个正弦量的和。由此联想到复平面上一个旋转矢量可以完整地表示一个正弦量，将正弦量与复数进行对应的转换，同频率正弦量对应的相量之间便于运算。

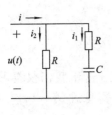

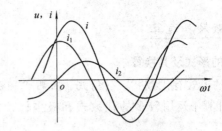

(a) 正弦交流电路　　　　　　　　　　(b) 产生同频率的正弦函数图形

图 3.9　正弦交流电路及正弦函数

因为在相同频率下(或角频率 ω 给定时),正弦量三要素里的两要素——有效值和初相就可以确定一个正弦量,故可以将正弦量转换成复数,在电路中称为相量:正弦量的有效值看成是相量的"模",正弦量的初相看成是相量的"辐角"。这样,就可以用相量来一一对应地表示正弦量。对于正弦交流电路,引入"相量"是为了便于分析和简化计算。

这种与正弦量相对应的复数就称为"相量",它是一个能够表征正弦时间函数的复值常数。相量是一个复数,但它是代表一个正弦波的,在字母上加黑点以示与一般复数相区别。有效值相量的模是正弦量的有效值,辐角是正弦量的初相。必须指出,相量不等于正弦量,但它们之间有相互对应关系:

正弦量　⇔　有效值相量　　振幅相量

$$i(t) = \sqrt{2}I \sin(\omega t + \varphi_i) \Leftrightarrow \dot{I} = I \underline{/\varphi_i} \qquad \dot{I}_m = \sqrt{2}I \underline{/\varphi_i} = I_m \underline{/\varphi_i} \qquad (3-12)$$

$$u(t) = \sqrt{2}U \sin(\omega t + \varphi_u) \Leftrightarrow \dot{U} = U \underline{/\varphi_u} \qquad \dot{U}_m = \sqrt{2}U \underline{/\varphi_u} = U_m \underline{/\varphi_u} \qquad (3-13)$$

通常情况,我们都用有效值相量来对应(亦即转换)表达正弦量。

显然,将正弦量转换成相量后,相量的四则运算较容易进行。如图 3.9 所示的正弦量 i_1 转化为相量 $\dot{I}_1$,i_2 转化为相量 $\dot{I}_2$,将两相量相加得相量 $\dot{I}$,最后根据相量与正弦量的对应关系得正弦电流 i。

例 3.4　已知 $u_1(t) = 220\sqrt{2} \sin\left(314t + \dfrac{\pi}{4}\right)(\text{V})$,$u_2(t) = 141 \sin\left(314t - \dfrac{\pi}{3}\right)(\text{V})$,

$i(t) = 70.5 \sin\left(314t - \dfrac{\pi}{6}\right)(\text{mA})$,写出 u_1、u_2 和 i 的有效值相量,并画向量图。

解　$u_1(t) = 220\sqrt{2} \sin\left(314t + \dfrac{\pi}{4}\right)(\text{V})$

对应相量:$\dot{U}_1 = 220 \underline{/\dfrac{\pi}{4}}(\text{V})$

$u_2(t) = 141 \sin\left(314t - \dfrac{\pi}{3}\right)(\text{V})$

对应相量:$\dot{U}_2 = \dfrac{141}{\sqrt{2}} \underline{/\left(-\dfrac{\pi}{3}\right)} = 100 \underline{/\left(-\dfrac{\pi}{3}\right)}(\text{V})$

$i(t) = 70.5 \sin\left(314t - \dfrac{\pi}{6}\right)(\text{mA})$

对应相量:$\dot{I} = \dfrac{70.5}{\sqrt{2}} \underline{/\left(-\dfrac{\pi}{6}\right)} = 50 \underline{/\left(-\dfrac{\pi}{6}\right)}(\text{mA})$

其向量图如图 3.10 所示。

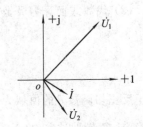

图 3.10　正弦量对应的向量图

3.3.2 复数及其运算

1. 复数的形式及其换算

复数 A 的形式有代数式、三角式、指数式和极坐标式。这里我们仅复习在正弦交流电路的分析计算中运用较多的代数式和极坐标的简化式[参见式(3-14)、式(3-15)及图 3.11]。

1) 复数的代数形式

$$A = a + \mathrm{j}b \qquad (3-14)$$

其中 a 和 b 都是实数，j 是虚数单位，$\mathrm{j} = \sqrt{-1}$，$\mathrm{j}b$ 为虚数。

复数可以用几何方法表示出来，在一个直角坐标系中，实数可以用横轴上的线段表示，虚数则可按同一比例用纵轴上的线段表示。于是，这里横轴称为实轴，纵轴称为虚轴，坐标系所在的平面称为复数平面，简称复平面。坐标点 $A(a, b)$ 可唯一对应一个复数，从而复数 $A = a + \mathrm{j}b$ 可用复平面上横坐标为 a、纵坐标为 b 的点来定位。用一个由坐标系原点到该点的矢量 $\overrightarrow{oA}$ 来表示该复数，如图 3.11 所示。显然复数是一个有大小(即表示长短 $|A|$)和方向(角 φ)的量。矢量 A 也可理解为是矢量 $\mathrm{j}b$ 与矢量 $a\underline{/0}$ 的合成。

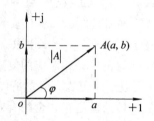

图 3.11　复数在复平面上的表示

2) 复数的极坐标形式

从图 3.11 所示的复数矢量图可见，矢量的长度 $|A|$ 称为复数的模，矢量与实轴正方向的夹角 φ 称为复数的辐角，这两个量就反映了一个复数的大小和方向。所以在电路中我们用极坐标形式的简化式来表示复数：

$$A = |A|\underline{/\varphi} \qquad (3-15)$$

其中 $|A|$ 表示矢量的长度，叫做复数 A 的"模数"，由 x 轴的正半轴到矢量 $\overrightarrow{oA}$ 的角 φ 叫做复数 A 的"辐角"。

3) 复数的换算

复数的代数形式与极坐标形式之间的换算可以由图 3.11 所示的直角三角形 $\triangle oAa$ 推导出来。

(1) 极坐标式换算为代数式：

$$a = |A|\cos\varphi \qquad (3-16)$$

$$b = |A|\sin\varphi \qquad (3-17)$$

(2) 代数式换算为极坐标式：

$$|A| = \sqrt{a^2 + b^2} \qquad (3-18)$$

$$\theta = \arctan\frac{b}{a} \qquad (3-19)$$

由于反正切函数 θ 的值域为 $\left(-\dfrac{\pi}{2}, \dfrac{\pi}{2}\right)$，所以初相 φ 的取值要根据向量所在复平面的象限来确定。而针对这些对应正弦量的相量，因为要表达的是正弦量的初相，所以还要综合初相 φ 的取值范围(即 $|\varphi| \leqslant \pi$)来考虑(详见图 3.12)。

（1）如果相量位于复平面的第一、四象限：初相 $\varphi=\theta=\arctan\dfrac{b}{a}$（初相在第一象限为正角，在第四象限为负角），如图 3.12(a)所示。

（2）如果相量位于复平面的第二象限：初相 $\varphi=\pi-|\theta|=\pi+\arctan\dfrac{b}{a}$，如图 3.12(b)所示。

（3）如果相量位于复平面的第三象限：初相 $\varphi=-\pi+|\theta|=-\pi+\arctan\dfrac{b}{a}$，如图 3.12(c)所示。

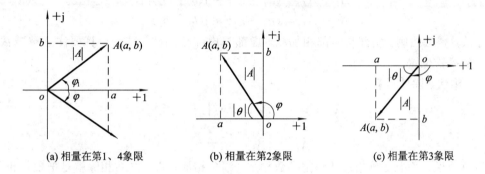

(a) 相量在第1、4象限　　　　(b) 相量在第2象限　　　　(c) 相量在第3象限

图 3.12　不同象限相量的初相

例 3.5　（1）将下列极坐标式复数写成代数式复数：

$$8\underline{/90^\circ},\quad 20\underline{/60^\circ},\quad 100\underline{/-120^\circ}$$

（2）将下列代数式复数写成正弦交流电对应的极坐标式复数：

$$\sqrt{2}+j\sqrt{2},\quad -3-j\sqrt{3},\quad 3,\quad -j,\quad -5,\quad j4$$

解　（1）$8\underline{/90^\circ}=8\cos90^\circ+j8\sin90^\circ=j8$

$20\underline{/60^\circ}=20\cos60^\circ+j20\sin60^\circ=10+j10\sqrt{3}=10+j17.32$

$100\underline{/-120^\circ}=100\cos(-120^\circ)+j100\sin(-120^\circ)=-50-j50\sqrt{3}$

（2）$\sqrt{2}+j\sqrt{2}=\sqrt{2+2}\underline{/\arctan1}=2\underline{/\dfrac{\pi}{4}}$，该复数在复平面坐标的第 1 象限，故正弦量所对应的复数极坐标式仍为 $2\underline{/\dfrac{\pi}{4}}$。

$-3-j\sqrt{3}$，如果复数对应的是正弦量的相量，该复数应在复平面坐标的第 3 象限，按初相小于 180° 原则，有

$$-3-j\sqrt{3}=\sqrt{9+3}\underline{/-\pi+\arctan\dfrac{-\sqrt{3}}{-3}}=2\sqrt{3}\underline{/-\pi+\dfrac{\pi}{6}}=2\sqrt{3}\underline{/-\dfrac{5\pi}{6}}$$

即

$$-3-j\sqrt{3}=2\sqrt{3}\underline{/-\dfrac{5}{6}\pi}$$

$3=3\underline{/0}$，该复数在复平面坐标的正实轴上。

$-j$，如果复数对应的是正弦量，该复数在复平面坐标的负虚轴上，按初相小于 180° 原则，写为 $-j=1\underline{/-\dfrac{\pi}{2}}$。

$-5 = 5\underline{/\pi}$。

$j4 = 4\ \underline{\left/\dfrac{\pi}{2}\right.}$。

2. 复数的运算

根据复数的四则运算法则，建议复数的加法、减法运算采用复数的代数形式来进行，复数的乘法、除法运算采用复数的极坐标形式来进行。设两复数为

$$A_1 = a_1 + jb_1 = |A_1|\underline{/\varphi_1}, \quad A_2 = a_2 + jb_2 = |A_2|\underline{/\varphi_2}$$

（1）加法、减法运算：

$$A_1 + A_2 = (a_1 + a_2) + j(b_1 + b_2) \tag{3-20}$$

$$A_1 - A_2 = (a_1 - a_2) + j(b_1 - b_2) \tag{3-21}$$

加法、减法法则：实部与实部相加减，虚部与虚部相加减。减法运算要注意被减数和减数不要搞错位置。

（2）乘法、除法运算：

$$A_1 \cdot A_2 = |A_1| \cdot |A_2|\ \underline{/\varphi_1 + \varphi_2} \tag{3-22}$$

$$\frac{A_1}{A_2} = \frac{|A_1|}{|A_2|}\ \underline{/\varphi_1 - \varphi_2} \tag{3-23}$$

简单地说，两个复数相乘就是把模数相乘，幅角相加；两个复数相除就是把模数相除，幅角相减。除法运算要注意被除数和除数不要搞错位置。

例 3.6 （1）已知 $A_1 = 4 + j3$，$A_2 = -3 + j4$，求 $A_1 + A_2$，$A_1 - A_2$。

（2）已知 $A_3 = 4\underline{/-30°}$，$A_4 = 5\underline{/120°}$，求 $A_3 \cdot A_4$，A_3/A_4。

解 （1）$A_1 + A_2 = 4 + (-3) + j(3 + 4) = 1 + j7$

　　　$A_1 - A_2 = 4 - (-3) + j(3 - 4) = 7 - j$

（2）$A_3 \cdot A_4 = |4 \times 5|\underline{/(-30°) + 120°} = 20\underline{/90°}$

　　　$\dfrac{A_3}{A_4} = \dfrac{4\underline{/-30°}}{5\underline{/120°}} = \dfrac{4}{5}\underline{/(-30°) - 120°} = \dfrac{4}{5}\underline{/-150°}$

3.4　单一元件的正弦交流电路

3.4.1　纯电阻的正弦交流电路

1. 电阻元件上的电压与电流的关系

1）瞬时值关系

如图 3.13(a) 所示，电流、电压在关联参考方向下的瞬时值关系为

$$u = Ri$$

设

$$i(t) = \sqrt{2}I\,\sin(\omega t + \varphi_i) \tag{3-24}$$

则

$$u(t) = R \cdot i(t) = \sqrt{2}IR\,\sin(\omega t + \varphi_i) = \sqrt{2}U_R\,\sin(\omega t + \varphi_u) \tag{3-25}$$

将式(3-24)与式(3-25)比较，电流、电压在关联参考方向下，$\varphi_u = \varphi_i$，纯电阻电路的电压与电流同相位、同频率，如图 3.13(b)所示。

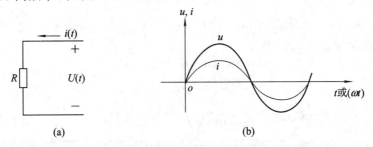

图 3.13　纯电阻电路与波形图

2) 有效值关系

由式(3-25)可得有效值关系：

$$U_R = RI \tag{3-26}$$

3) 相量关系

根据电阻两端电压和电流的瞬时值表达式：

$$i(t) = \sqrt{2}I \, \sin(\omega t + \varphi_i)$$

$$u(t) = \sqrt{2}U \, \sin(\omega t + \varphi_u)$$

得其对应的相量为

$$\dot{U} = U \, \underline{/\varphi_u}, \quad \dot{I} = I \, \underline{/\varphi_i}$$

由于电压和电流同相，即 $\varphi_u = \varphi_i$，相量图如图 3.14(b)所示。我们把元件在正弦稳态时电压相量与其电流相量之比定义为该元件的阻抗 Z，则

$$Z = \frac{\dot{U}}{\dot{I}} = \frac{U \, \underline{/\varphi_u}}{I \, \underline{/\varphi_i}} = \frac{RI \, \underline{/\varphi_u}}{I \, \underline{/\varphi_i}} = R \underline{/0} = R$$

所以它们之间的相量关系为

$$\dot{U} = \dot{I}Z = \dot{I}R \tag{3-27}$$

可见纯电阻的阻抗

$$Z = R \underline{/0} = R$$

式(3-27)也叫做相量形式的欧姆定理。

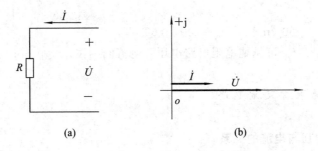

图 3.14　纯电阻电路相量模型与相量图

2. 功率

电阻的瞬时功率：

$$p = ui = \sqrt{2}U_R \sin\omega t \cdot \sqrt{2}I \sin\omega t = U_R I(1 - \cos 2\omega t) \geqslant 0$$

电阻的功率曲线如图 3.15 所示。

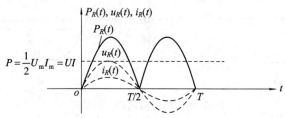

图 3.15　电阻的功率曲线

这说明电阻始终消耗功率。由于瞬时功率不便应用，工程上采用平均功率这一概念。平均功率指瞬时功率在一个周期内的平均值。由于平均功率反映了元件实际消耗电能的情况，所以又称有功功率。可推导出：

$$P = \frac{1}{T}\int_0^T p\,\mathrm{d}t = \frac{1}{T}\int_0^T U_R I(1 - \cos 2\omega t)\mathrm{d}t = U_R I = I^2 R = \frac{U_R^2}{R} \qquad (3-28)$$

例 3.7　一电阻 $R = 1$ kΩ，通过该电阻的电流 $i_R = 141\sin(2000t - 60°)$(mA)。求：

(1) 电阻 R 两端的电压瞬时值 u_R 和电压有效值 U_R；

(2) 电阻消耗的功率 P_R；

(3) 作 $\dot{U}_R$、$\dot{I}_R$ 相量图。

解　(1) $i_R = 141\sin(2000t - 60°)$(mA)对应的相量为

$$\dot{I}_R = \frac{141}{\sqrt{2}}\underline{/-60°} = 100\underline{/-60°}\text{(mA)}$$

$$\dot{U}_R = \dot{I}Z = \dot{I}R = 1\times10^3\times100\times10^{-3}\underline{/-60°} = 100\underline{/-60°}\text{(V)}$$

所以有效值 $U_R = 100$ V，瞬时值 $u_R = 100\sqrt{2}\sin(2000t - 60°)$(V)。

(2) 电阻功率

$$P_R = I_R^2 R = (100\times10^{-3})^2\times1\times10^3 = 10\text{ (W)}$$

或

$$P_R = U_R I_R = 100\times10^{-3}\times100 = 10\text{ (W)}$$

(3) 根据：

$$\dot{I}_R = 100\underline{/-60°}\text{(mA)}, \quad \dot{U}_R = 100\underline{/-60°}\text{(V)}$$

作其相量图，见图 3.16，可见纯电阻电路电压和电流同相位。

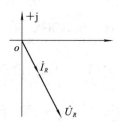

图 3.16　电流和电压的相量图

3.4.2　纯电感的正弦交流电路

1. 电感上的电压与电流的关系

1）瞬时值关系

电流、电压的参考方向如图 3.17(a)所示，当通过电感线圈的电流 i 发生变化时，电感中会有感应电动势，其两端就存在感应电压 u_L，瞬时值关系（即伏安特性）如下：

$$u_L = L \frac{\mathrm{d}i}{\mathrm{d}t} \qquad (3-29)$$

式中，$\mathrm{d}i/\mathrm{d}t$ 表示电流的变化率。式(3-29)说明任一瞬间，电感元件端电压的大小与该瞬间电流的变化率成正比，即电感的感应电压只与流过电感的电流的变化快慢有关，而与该瞬间电流的大小无关。对于直流，$\mathrm{d}i/\mathrm{d}t=0$，则 $U_L=0$，即电感对于直流相当于短路。

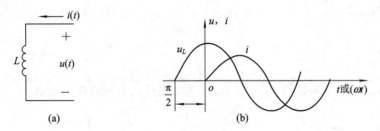

图 3.17　纯电感电路与波形图

由式(3-29)还可见，由于电感电压不可能无穷大，那么电感电流的变化率也不会无穷大，所以电感电流不能跳变。

设电流为

$$i(t) = \sqrt{2}I\,\sin(\omega t + \varphi_i)$$

则有：

$$u(t) = L \frac{\mathrm{d}}{\mathrm{d}t}[\sqrt{2}I\,\sin(\omega t + \varphi_i)] = \sqrt{2}\omega L I\cos(\omega t + \varphi_i)$$
$$= \sqrt{2}\omega L I\,\sin\left(\omega t + \varphi_i + \frac{\pi}{2}\right) = \sqrt{2}U_L\sin(\omega t + \varphi_u) \qquad (3-30)$$

若 $\varphi_i = 0°$，由此得如图 3.17(b)所示的波形图，由图可知纯电感电路的电压与电流同频率，但纯电感上的电压超前其电流 90°。

2）有效值关系

由式(3-30)可知有效值关系：

$$U_L = \omega L I = X_L I \qquad (3-31)$$

其中

$$X_L = \omega L = 2\pi f L \qquad (3-32)$$

X_L 称为感抗（统称电抗），是表示电感对正弦电流阻碍作用大小的一个物理量。感抗 X_L 与频率有关。对于直流 $\omega = 0$，所以 $X_L = 0$，即电感对于直流相当于短路；反之，频率越大，感抗也越大。感抗只有在一定的频率下才是常数。当电流的单位是安培（A）、电压的单位是伏特（V）时，感抗 X_L 的单位是欧姆（Ω）。注意，感抗 X_L 不能代表电感上的电压和电流的瞬时值之比，只能是有效值或幅值之比：

$$\frac{U_L}{I} = \frac{U_{\mathrm{m}L}}{I_{\mathrm{m}}} = X_L$$

3）相量关系

根据电感两端电压和电流的瞬时值表达式(3-30)，得其对应的相量为

$$\dot{I} = I\,\underline{/\varphi_i}, \qquad \dot{U}_L = \omega L I\,\left\underline{/\left(\varphi_i + \frac{\pi}{2}\right)} = U_L\,\underline{/\varphi_u}$$

上式可见，$\varphi_u = \varphi_i + \dfrac{\pi}{2}$，纯电感上的电压超前其电流 90°，所以电感阻抗：

$$Z_L = \frac{\dot{U}_L}{\dot{I}} = \frac{\omega L I \left/ \left(\varphi_i + \dfrac{\pi}{2}\right)\right.}{I \underline{/\varphi_i}} = \omega L \underline{\left/\dfrac{\pi}{2}\right.} = \mathrm{j}\omega L$$

即相量关系为：

$$\dot{U}_L = \mathrm{j}\omega L \dot{I} \tag{3-33}$$

显然电感的阻抗：

$$Z_L = \mathrm{j}X_L = \mathrm{j}\omega L \tag{3-34}$$

电感的相量模型及相量图如图 3.18 所示。显然，电感的电压超前其电流 90°。

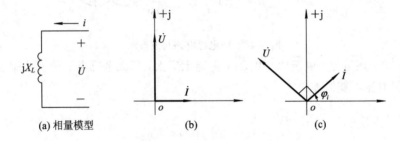

图 3.18　纯电感电路相量模型及相量图

2. 功率

电感的瞬时功率

$$p_L(t) = u_L(t) i_L(t) = 2U_L I_L \sin\left(\omega t + \frac{\pi}{2}\right) \sin\omega t = U_L I \sin 2\omega t$$

平均功率（有功功率）

$$P_L = \frac{1}{T} \int_0^T p(t)\mathrm{d}t = 0$$

见图 3.19，由此可见电感不消耗能量，只和电源进行能量交换（能量的吞吐），是储能元件。为了衡量电感与外部交换能量的规模，引入无功功率 Q_L，它反映能量交换的大小，用瞬时功率的最大值表示。其计算为

$$Q_L = U_L I = I^2 X_L = \frac{U_L^2}{X_L} \tag{3-35}$$

为了与有功功率的单位"瓦特"（W）区别，无功功率的单位是乏（var）。

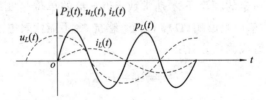

图 3.19　电感的瞬功率曲线

3. 电感元件的磁场能量

电感元件是一种储存磁场能量的元件，储存的磁场瞬时能量为

$$w_L = \int_0^t p \, \mathrm{d}t = \frac{1}{2} Li^2 \qquad (3-36)$$

储能平均能量

$$W_L = \frac{1}{2} LI^2$$

能量的单位为焦耳(J)。

例 3.8　在电压为 220 V，频率为 $f=50$ Hz 的电源上接入电感器 $L=10$ mH(内阻忽略不计)，如图 3.20(a)所示。求：

(1) 电感器的感抗 X_L 和阻抗 Z；

(2) 关联参考方向下电感器电流的有效值和瞬时值；

(3) 电感器的无功功率；

(4) 作 $\dot{U}_L$、$\dot{I}_L$ 相量图。

解　(1) 感抗 $X_L = \omega L = 2\pi f L = 2 \times 3.14 \times 50 \times 10 \times 10^{-3} = 3.14$ (Ω)

阻抗 $Z = \mathrm{j}X_L = \mathrm{j}3.14$ (Ω)。

(2) 先求电压电流相量。电压相量设为 $\dot{U}_L = 220\underline{/0}$ (V)，则电流相量

$$\dot{I} = \frac{\dot{U}}{Z} = \frac{220\underline{/0^\circ}}{3.14\underline{/90^\circ}} = 70.06\underline{/-90^\circ} \text{ A}$$

所以电流瞬时值 $i = 70.06\sqrt{2}\,\sin(100\pi t - 90^\circ)$ (A)，有效值 $I = 70.06$ A。

(3) 电感器的无功功率 $Q = U_L I = 220 \times 70.06 = 15413.2$ (var)。

(4) $\dot{U}_L$、$\dot{I}_L$ 相量图如图 3.20(b)所示。纯电感电路电压超前电流 90°。

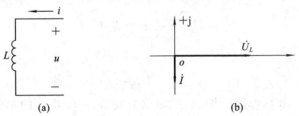

图 3.20　纯电感电路及相量图

3.4.3　纯电容的正弦交流电路

1. 电容元件上的电压与电流的关系

1) 瞬时值关系

电流、电压的参考方向如图 3.21(a)所示，电容瞬时值的伏安关系为

$$i = C\frac{\mathrm{d}u_C}{\mathrm{d}t} \qquad (3-37)$$

上式说明任一瞬间，电容电流的大小与该瞬间电压的变化率成正比，即与电压的变化快慢有关，而与该瞬间电压的大小无关。如果电压 u_C 不变，那么 $\frac{\mathrm{d}u_C}{\mathrm{d}t}=0$，则电流 i 为零，电容相当于开路。电容电压变化越快，即 $\frac{\mathrm{d}u_C}{\mathrm{d}t}$ 越大，则电流也就越大。显然电容元件有隔直流通交流的作用。

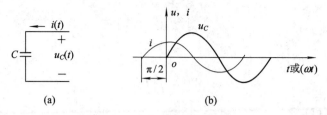

图 3.21 纯电容电路与波形

由式(3-37)也可知，由于电容电流不可能无穷大，那么电容电压的变化率也不会无穷大，所以电容电压不能跳变。

设电容电压为

$$u_C(t) = \sqrt{2}U_C \sin(\omega t + \varphi_u)$$

则有：

$$i(t) = C\frac{\mathrm{d}}{\mathrm{d}t}[\sqrt{2}U_C \sin(\omega t + \varphi_u)] = \sqrt{2}\omega C U_C \cos(\omega t + \varphi_u)$$

$$= \sqrt{2}\omega C U_C \sin\left(\omega t + \varphi_u + \frac{\pi}{2}\right) = \sqrt{2}I\sin(\omega t + \varphi_i) \qquad (3-38)$$

若 $\varphi_u = 0°$，如图 3.21(b)所示，纯电容电路的电压与电流同频率，但纯电容上的电压滞后电流 90°。

2）有效值关系

由式(3-38)可知：

$$\omega C U_C = I$$

所以有效值关系为：

$$U_C = \frac{1}{\omega C}I = X_C I \qquad (3-39)$$

其中

$$X_C = \frac{1}{\omega C} \qquad (3-40)$$

X_C 为电容器的电抗，亦称容抗。当电流的单位为安培(A)、电压的单位为伏特(V)时，容抗的单位是欧姆(Ω)，容抗表示电容器对电流的阻碍作用。容抗的大小与频率有关，频率越高，容抗越小；对于直流 $\omega = 0$，则 $X_C = 1/\omega C \rightarrow \infty$，即电容器对直流相当于开路，所以，电容具有"通交隔直"的作用。注意，容抗 X_C 不能代表电容上的电压和电流的瞬时值之比，只是有效值或幅值之比 $\frac{U_C}{I} = \frac{U_{mC}}{I_m} = X_C$。

3）相量关系

根据电容两端电压和电流的瞬时值表达式(3-38)，得其对应的相量为

$$\dot{U}_C = U_C \underline{/\varphi_u}, \qquad \dot{I} = \omega C U_C \underline{/\varphi_u + \frac{\pi}{2}}$$

则有相量关系：

$$Z_C = \frac{\dot{U}_C}{\dot{I}} = \frac{U_C \underline{/\varphi_u}}{\omega C U_C \underline{/\varphi_u + \frac{\pi}{2}}} = \frac{1}{\omega C \underline{/\frac{\pi}{2}}} = \frac{1}{\omega C}\underline{/-\frac{\pi}{2}} = -\mathrm{j}\frac{1}{\omega C}$$

即

$$\dot{U} = Z_C \dot{I} = -\mathrm{j}\frac{\dot{I}}{\omega C} = -\mathrm{j}X_C\dot{I} \qquad (3-41)$$

电容阻抗

$$Z_C = -\,\mathrm{j}X_C = -\,\mathrm{j}\frac{1}{\omega C} \tag{3-42}$$

电容的相量模型及相量图如图 3.22 所示。显然 $\varphi_u = \varphi_i - \dfrac{\pi}{2}$，电压滞后其电流 90°。

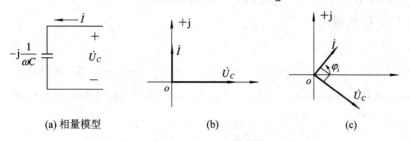

(a) 相量模型　　　　　　　(b)　　　　　　　　(c)

图 3.22　纯电容电路相量模型及相量图

2. 功率

电容的瞬时功率：

$$p_C(t) = u_C(t)i_C(t) = 2U_CI_C\sin\left(\omega t + \frac{\pi}{2}\right)\sin\omega t = U_CI\,\sin 2\omega t$$

平均功率(有功功率)：

$$P_C = \frac{1}{T}\int_0^T p(t)\,\mathrm{d}t = 0$$

图 3.23 为电容的瞬时功率曲线。由上式可见电容不消耗能量，是储能元件。同样，为了衡量电容与外部交换能量的规模，引入无功功率 Q_C，它反映能量交换的大小，用瞬时功率的最大值表示。其计算为

$$Q_C = U_CI = I^2X_C = \frac{U_C^2}{X_C} \tag{3-43}$$

同样，为了与有功功率的单位"瓦特"(W)区别，电容无功功率的单位是乏(var)。

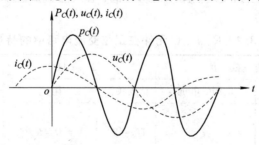

图 3.23　电容的瞬时功率曲线

3. 电容元件储存的电场能量

电容元件储存的电场瞬时能量为

$$w_C = \int_0^t p_C\,\mathrm{d}t = \int_0^t Cu_C\,\mathrm{d}u_C = \frac{1}{2}Cu_C^2 \tag{3-44}$$

储存电场平均能量

$$W_C = \frac{1}{2}CU_C^2$$

电容元件储存电场能量的单位为焦耳(J)。

例 3.9 在电压为 10 V，频率为 $f = 50$ kHz 的电源上接入电容器 $C = 0.001$ μF(电阻忽略不计)，电路如图 3.22(a)所示。求：

(1) 电容器的容抗 X_C 和阻抗 Z；

(2) 关联参考方向下电容器电流的有效值和瞬时值；

(3) 作 $\dot{U}_C$、$\dot{I}_C$ 相量图。

解 (1) 容抗

$$X_C = \frac{1}{\omega C} = \frac{1}{2 \times 3.14 \times 50 \times 10^3 \times 0.001 \times 10^{-6}} = 3.18 \text{ (k}\Omega\text{)}$$

阻抗

$$Z = -jX_C = -j3.18 \text{ (k}\Omega\text{)}$$

(2) 先求电压电流相量，设电压相量 $\dot{U}_L = 10 \underline{/0°}$ (V)，则

$$\dot{I} = \frac{\dot{U}_L}{Z} = \frac{10 \underline{/0°}}{-j3.18} = \frac{10 \underline{/0°}}{3.18 \underline{/-90°}} = 3.14 \underline{/90°} \text{(mA)}$$

所以电流有效值

$$I = 3.14 \text{ (mA)}$$

角频率

$$\omega = 2\pi f = 2 \times 3.14 \times 50 \times 10^3 = 314 \times 10^3 \text{ (rad/s)}$$

电流瞬时值

$$i = 3.14\sqrt{2} \sin(314 \times 10^3 t + 90°) \text{ (mA)}$$

(3) $\dot{U}_C$、$\dot{I}_C$ 相量图如图 3.22(b)所示，纯电容电路电压滞后电流 90°。

3.4.4 总结

将 R、L、C 元件在正弦交流电路中的瞬时值、有效值和相量等的伏安关系及其功率归纳如表 3.2 所示。

表 3.2 R、L、C 元件在正弦交流电路中的特性

元件	瞬时值	有效值		相量		功率	
	伏安关系	伏安关系	电阻、电抗	伏安关系	阻抗		
电阻 R	$u = Ri$	$U_R = RI$	R	$\dot{U}_R = Z\dot{I}$	$Z = R = R\underline{/0°}$	有功功率	$P_R = UI = I^2 R = \dfrac{U_R}{R}$
电感 L	$u_L = L\dfrac{di}{dt}$	$U_L = X_L I$	$X_L = \omega L = \dfrac{U_L}{I} = \dfrac{U_{mL}}{I_m}$	$\dot{U}_L = Z\dot{I}$	$Z = jX_L = j\omega L$ $= \omega L\underline{/90°}$	无功功率	$Q_L = IU_L = I^2 X_L = \dfrac{U_L^2}{X_L}$
电容 C	$i_C = C\dfrac{du_C}{dt}$	$U_C = X_C I$	$X_C = \dfrac{1}{\omega C} = \dfrac{U_C}{I} = \dfrac{U_{mC}}{I_m}$	$\dot{U}_C = Z\dot{I}$	$Z = -jX_C = -j\dfrac{1}{\omega C}$ $= \dfrac{1}{\omega C}\underline{/-90°}$		$Q_C = IU_C = I^2 X_C = \dfrac{U_C^2}{X_C}$

实操 7　感抗和容抗的测量与频率特性测试

一、实操目的

（1）学会用间接测量法测量电容元件的容抗和电感元件的感抗。

（2）通过测量电感元件和电容元件的频率特性，强化对容抗与频率之间的关系、感抗与频率之间的关系的认识。

（3）熟悉低频信号发生器和电子毫伏表的使用方法。

二、实验仪器和设备

（1）低频信号发生器一台。

（2）电子毫伏表一台。

（3）电阻 $R = 100\ \Omega$ 一个。

（4）电感线圈 100 mH 一个。

（5）电容器 0.1 μF 一个。

三、实验原理与说明

（1）在正弦交流电路中，电感的感抗 $X_L = \omega L = 2\pi f L$，空心电感线圈的电感在一定频率范围内可以认为是线性电感，当其本身的阻值 r 较小时，有 $r \ll X_L$，可以忽略其电阻的影响，电容器的容抗 $X_C = \dfrac{1}{\omega C} = \dfrac{1}{2\pi f C}$。

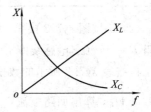

当电源频率变化时，感抗 X_L 和容抗 X_C 都是频率 f 的函数，称之为频率特性。典型的电感元件和电容元件的频率特性如图 sy7.1 所示。

图 sy7.1　电感和电容元件的频率特性

（2）为了测量电感的感抗和电容的容抗，可以采用间接测量法测量电感和电容两端的电压有效值及流过它们的电流有效值，则感抗 $X_L = \dfrac{U_L}{I_L}$，容抗 $X_C = \dfrac{U_C}{I_C}$。当电源频率较高时，用普通的交流电压表测量电压会产生很大的误差，为此采用测量中高频信号的电子电压表进行电压测量及其间接测量得出电流值，电子电压表的使用详见实操 6。在图 sy7.2 的电感电路和 sy7.3 的电容电路中串入一个阻值较准确的取样电阻 R，先用电子毫伏表测得取样电阻两端的电压值 U_R，则根据取样电阻 R 的大小计算出回路的电流 $I = U_R / R$。

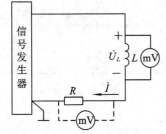

图 sy7.2　测量电感元件频率特性的电路

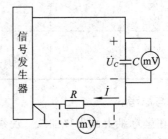

图 sy7.3　测量电容元件频率特性的电路

四、实验内容

1. 电感元件感抗的测量与频率特性的测定

(1) 按图 sy7.2 接线，将信号发生器输出电压的频率调节在 $f=10\text{ kHz}$，测量电感元件的感抗 X_L。采用间接测量法，先分别测量电感的电压和电阻的电压。

交流信号不存在正负极性问题，图上所标方向是瞬时参考方向。调节信号发生器输出电压为 2 V（或输出电压峰–峰值 $U_{\text{p-p}}=5.6\text{ V}$），电阻 $R=100\ \Omega$，电感线圈 $L=100\text{ mH}$。

分别测出电感和电阻两端电压 U_L、U_R，算出回路电流 $I_L=\dfrac{U_R}{R}$ 的值和感抗 X_L 的值，记入表 sy7.1 中。

表 sy7.1　电感元件感抗的测量

（$f=10\text{ kHz}$，$U_{\text{p-p}}=5.6\text{ V}$；$L=100\text{ mH}$，$R=100\ \Omega$）

项　　目	U_L	U_R	$I_L=\dfrac{U_R}{R}$	$X_L=\dfrac{U_L}{I_L}$
测量值或计算值				

(2) 仍按图 sy7.2 接线，信号发生器输出电压为 2 V（或输出电压峰–峰值 $U_{\text{p-p}}=5.6\text{ V}$），电阻 $R=100\ \Omega$，电感线圈 $L=100\text{ mH}$。

再按表 sy7.2 所示的数据改变信号发生器的输出频率 f，分别测出电感和电阻两端电压 U_L、U_R，算出回路电流 $I_L=\dfrac{U_R}{R}$ 的值和感抗 $X_L=\dfrac{U_L}{I}$ 的值，记入表 sy7.2 中。

注意：每次改变电源频率时，应调节信号发生器使输出电压保持在 2 V（或峰–峰值 $U_{\text{p-p}}=5.6\text{ V}$）。

表 sy7.2　电感元件频率特性

f/kHz	0.5	1	5	10	15	20
测量 U_L						
测量 U_R						
$I_L=\dfrac{U_R}{R}$						
$X_L=\dfrac{U_L}{I_L}$						

问题与思考：

(1) 在坐标纸上画出该曲线，观察是一条怎样的线？

(2) 随着频率 f 的增大，电感元件的感抗 X_L 将如何变化？

2. 电容元件容抗的测量与电容元件频率特性的测定

(1) 按图 sy7.3 接线，将信号发生器输出电压的频率调节在 $f=10$ kHz，信号发生器输出电压为 2 V(或输出电压峰-峰值 $U_{p-p}=5.6$ V)，电阻 $R=100$ Ω，电容 $C=0.1$ μF，因交流信号不存在正负极性问题，图上所标方向是瞬时参考方向。测量电容元件的容抗 X_C。

分别测出电容电压 U_C、电阻电压 U_R，算出 $I=\dfrac{U_R}{R}$ 的值和容抗 $X_C=\dfrac{U_C}{I_C}$ 的值，记入表 sy7.3 中。

表 sy7.3　电容元件容抗的测量

($f=10$ kHz，$U_{p-p}=5.6$ V；$C=0.1$ μF)

项　目	U_C	U_R	$I_C=\dfrac{U_R}{R}$	$X_C=\dfrac{U_C}{I_C}$
测量值或计算值				

(2) 仍按图 sy7.3 接线，信号发生器输出电压为 2 V(或输出电压峰-峰值 $U_{p-p}=5.6$ V)，电阻 $R=100$ Ω，电容器 $C=0.1$ μF。

再按表 sy7.4 所示的数据改变信号发生器的输出频率 f，分别测出 U_C、U_R，算出 $I_C=\dfrac{U_R}{R}$ 的值和感抗 X_C 的值，记入表 sy7.4 中。注意每次改变电源频率时，应调节信号发生器使输出电压保持在 2 V。

表 sy7.4　电容元件频率特性

($U_{p-p}=5.6$ V；$C=0.1$ μF)

f/kHz	0.5	1.5	3	8	15	25
测量 U_C						
测量 U_R						
$I_C=\dfrac{U_R}{R}$						
$X_C=\dfrac{U_C}{I_C}$						

问题与思考：

(1) 在坐标纸画出该曲线，观察是一条怎样的线？

(2) 随着频率 f 的增大，电容元件的容抗 X_C 将如何变化？

五、实验报告要求

(1) 画出每个实验的电路连接图和表格，填写实验数据，并用坐标纸绘出电感元件和电容元件的频率特性曲线。

(2) 回答下面问题：

① 随着频率 f 的增大，电感元件的感抗 X_L 将如何变化？

② 随着频率 f 的增大，电容元件的容抗 X_C 将如何变化？

3.5 阻抗串联和并联的正弦交流电路

分析直流电路时采用基尔霍夫定律，基尔霍夫定律同样适用于正弦交流电路的瞬时值分析和相量分析，即：任一瞬间、对任一节点(或闭合面)有 $\sum i(t) = 0$；任一瞬间，对任一回路有 $\sum u(t) = 0$。

同样可以推导出 KCL 的相量形式：$\sum \dot{I} = 0$，即正弦交流电路中任一节点(或闭合面)，与它相连的各支路电流的相量代数和为零。若用向量图表示，各支路电流的相量组成了一个封闭的多边形。

KVL 的相量形式为 $\sum \dot{U} = 0$，即正弦交流电路中任一回路的各支路电压的相量的代数和为零。若用向量图表示，各段电压的相量组成了一个封闭的多边形。

对于正弦交流电路的分析计算，我们借助复数这一数学工具。根据元件的电流和端电压相量之间满足相量形式的欧姆定理，即：

$$\dot{U} = Z\dot{I} \tag{3-45}$$

元件与元件之间的连接的相量关系也满足基尔霍夫定律。所以可先借助相量形式的欧姆定理和相量模型的基尔霍夫定律来进行分析计算，然后将相量转换成相应的电流电压有效值或瞬时值。交流电的分析计算思路见下框图：

3.5.1 RLC 串联电路

RLC 串联电路以图 3.24(a)为例，其相量模型和相量图如图 3.24 所示。

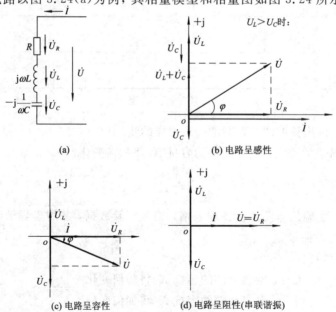

图 3.24 RLC 串联电路的相量模型和相量图

根据 KVL

$$\begin{aligned}\dot{U}=\dot{U}_R+\dot{U}_L+\dot{U}_C &= Z_R\dot{I}+Z_L\dot{I}+Z_C\dot{I}\\ &=(Z_R+Z_L+Z_C)\dot{I}\\ &=(R+\mathrm{j}X_L-\mathrm{j}X_C)\dot{I}\\ &=[R+\mathrm{j}(X_L-X_C)]\dot{I}\\ &=(R+\mathrm{j}X)\dot{I}=Z\dot{I}\end{aligned}$$

所以

$$\dot{U}=\dot{I}(R+\mathrm{j}X)=\dot{I}Z$$

其中等效阻抗：

$$Z=Z_R+Z_L+Z_C=R+\mathrm{j}\left(\omega L-\frac{1}{\omega C}\right)=R+\mathrm{j}X \tag{3-46}$$

其中电抗

$$X=X_L-X_C=\omega L-\frac{1}{\omega C} \tag{3-47}$$

阻抗 Z 定义为：无源二端电路的端口电压相量与电流相量之比为该电路的阻抗。即

$$Z=\frac{\dot{U}}{\dot{I}}=\frac{\dot{U}_m}{\dot{I}_m}=|Z|\angle\varphi=R+\mathrm{j}X \tag{3-48}$$

其中 $|Z|$ 是阻抗 Z 的模(即大小)，也可由有效值式 $|Z|=\dfrac{U}{I}$ 来计算。

显然，阻抗 Z 是一个复数，也叫复阻抗。单种元件电路的阻抗是复阻抗的特例，如纯电阻电路的阻抗为 $Z=R$，纯电感电路的阻抗为 $Z=\mathrm{j}X_L$(或 $Z=\mathrm{j}\omega L$)，纯电容电路的阻抗为 $Z=-\mathrm{j}X_C\left(\text{或 } Z=-\mathrm{j}\dfrac{1}{\omega C}\right)$。

例 3.10　已知电阻 $R=12\ \Omega$，与电感 $L=160$ mH 和电容 $C=125\ \mu$F 相串联接到电源上，产生电流为 $i(t)=7.07\sin(314t-60°)$(A)，如图 3.25 所示。求电感元件的感抗和电容器的容抗，以及各元件的端电压相量及其电压的瞬时值表达式。

解　根据电流的瞬时值 $i(t)=7.07\sin(314t-60°)$(A)可得到对应的电流相量为

$$\dot{I}=\frac{7.07}{\sqrt{2}}\angle-60°=5\angle-60°(\mathrm{A})$$

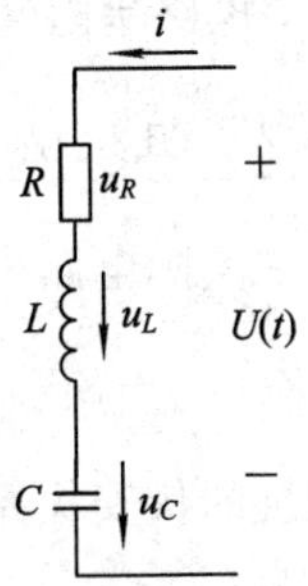

图 3.25　例 3.10 图

感抗

$$X_L=\omega L=314\times160\times10^{-3}=50.24(\Omega)$$

容抗

$$X_C=\frac{1}{\omega C}=\frac{1}{314\times125\times10^{-6}}=25.48(\Omega)$$

$$\dot{U}_R=Z_R\dot{I}=R\dot{I}=12\times5\angle-60°=60\angle-60°(\mathrm{V})$$

瞬时值

$$u_R=60\sqrt{2}\sin(314t-60°)\ (\mathrm{V})$$

$$\begin{aligned}\dot{U}_L=Z_L\dot{I}=\mathrm{j}X_L\dot{I}&=50.24\angle90°\times5\angle-60°\\&=50.24\times5\angle-60°+90°=251.2\angle30°(\mathrm{V})\end{aligned}$$

对应的瞬时值

$$u_L = 251.2\sqrt{2}\sin(314t + 30°)\,(\text{V})$$

$$\dot{U}_C = Z_C\dot{I} = -jX_C\dot{I} = 25.48\underline{/-90°} \times 5\underline{/-60°}$$

$$= 25.48 \times 5\underline{/-60° - 90°} = 127.4\underline{/-150°}(\text{V})$$

对应的瞬时值

$$u_C = 127.4\sqrt{2}\sin(314t - 150°)\,(\text{V})$$

显然，电感与电容的相位差为 $\varphi_L - \varphi_C = 30° - (-150°) = 180°$，说明电感与电容电压相量的方向相反。

注意端口总电压与电流的相量关系为：$\dot{U} = Z\dot{I}$。

例 3.11 在例 3.10 的基础上求端口总电压 $u(t)$。

解 采用相量

$$Z = Z_R + Z_L + Z_C = R + j(X_L - X_C)$$

$$= 12 + j(50.24 - 25.48) = 12 + j24.76$$

$$= \sqrt{12^2 + 24.76^2}\left|\arctan\frac{24.76}{12}\right. = 27.51\underline{/64.1°}(\Omega)$$

$$\dot{U} = Z\dot{I} = 27.51\underline{/64.1°} \times 5\underline{/-60°} = 27.51 \times 5\underline{/64.1° - 60°} = 137.6\underline{/4.1°}(\text{V})$$

所以：

$$u(t) = 137.6\sqrt{2}\sin(314t + 4.1°)\,(\text{V})$$

该串联电路 $\omega L > 1/\omega C$，则有 $U_L > U_C$，端口电压超前电流 $4.1°$，电路呈感性，见图 3.24(b)所示。

如果串联电路 $\omega L < 1/\omega C$，则有 $U_L < U_C$，端口电压滞后电流 φ 角，电路呈容性，见图 3.24(c)所示。

若该串联电路的 $\omega L = 1/\omega C$，则有 $U_L = U_C$，$X = 0$，即 $Z = R$，$\varphi = 0$，端口电压与电流同相，电路呈阻性，这是一种特殊状态，称为谐振，见图 3.24(d)所示。

3.5.2 阻抗的串联

在实际电路中常常会遇到若干复阻抗串联的情况，如 RLC 串联电路是其中的一个特例：$Z = Z_R + Z_L + Z_C = R + j\omega L + \left(-j\dfrac{1}{\omega C}\right) = R + j\left(\omega L - \dfrac{1}{\omega C}\right)$。串联电路因为电流相同，根据阻抗的伏安关系和 KVL 的相量关系，可推导出对于 n 个复阻抗串联的电路，其等效复阻抗为

$$Z = Z_1 + Z_2 + \cdots + Z_n \qquad\qquad (3-49)$$

设

$$Z_1 = R_1 + jX_1,\ Z_2 = R_2 + jX_2,\ \cdots,\ Z_n = R_n + jX_n$$

则

$$Z = (R_1 + R_2 + \cdots + R_n) + j(X_1 + X_2 + \cdots + X_n) = R + jX = |Z|\underline{/\varphi}$$

必须注意：$|Z| \neq |Z_1| + |Z_2| + \cdots + |Z_n|$。

例 3.12　设有两个负载 $Z_1 = 5 + j5\ \Omega$ 和 $Z_2 = 6 - j8\ \Omega$ 相串联，接在 $u = 220\sqrt{2}\sin(\omega t + 30°)(\text{V})$ 的电源上。求等效阻抗 Z、电路电流 i 和负载端电压 u_1、u_2 各为多少。

解　参考方向如图 3.26 所示，等效阻抗

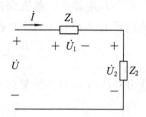

$$Z = Z_1 + Z_2 = 5 + j5 + 6 - j8 = 11 - j3$$
$$= 11.4 \underline{/-15.3°}(\Omega)$$

现 $\dot{U} = 220\underline{/30°}(\text{V})$，则

$$\dot{I} = \frac{\dot{U}}{Z} = \frac{220\underline{/30°}}{11.4\underline{/-15.3°}} = 19.3\underline{/45.3°}(\text{A})$$

对应

图 3.26　例 3.12 图

$$i(t) = 19.3\sqrt{2}\,\sin(\omega t + 45.3°)\ (\text{A})$$

又

$$\dot{U}_1 = Z_1\dot{I} = (5 + j5)\dot{I} = \sqrt{5^2 + 5^2}\,\underline{/\arctan\frac{5}{5}} \times \dot{I}$$
$$= 7.07\underline{/45°} \times 19.3\underline{/45.3°} = 136.5\underline{/90.3°}(\text{V})$$

$$\dot{U}_2 = Z_2\dot{I} = (6 - j8)\dot{I} = \sqrt{6^2 + (-8)^2}\,\underline{/\arctan\frac{-8}{6}} \times \dot{I}$$
$$= 10\underline{/-53.1°} \times 19.3\underline{/45.3°} = 193\underline{/-7.8°}(\text{V})$$

对应的瞬时值为

$$u_1(t) = 136.5\sqrt{2}\,\sin(\omega t + 90.3°)\ (\text{V})$$

$$u_2(t) = 193\sqrt{2}\,\sin(\omega t - 7.8°)\ (\text{V})$$

下面介绍电感或电容串联的等效值计算公式。

（1）电感的串联。假设有 3 个电感串联，电路如图 3.27 所示，则由式（3-49）得：

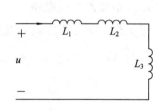

$$Z = Z_1 + Z_2 + Z_3 = j\omega L_1 + j\omega L_2 + j\omega L_3$$
$$= j\omega(L_1 + L_2 + L_3)$$
$$= j\omega L$$

图 3.27　电感的串联

所以容易得到 n 个电感串联的等效总电感为

$$L = L_1 + L_2 + \cdots + L_n \tag{3-50}$$

即串联电感电路中，等效电路电感 L 为各电感的总和。

（2）电容的串联。假设有 3 个电容串联，电容的串联如图 3.28 所示，同样由式（3-49）得：

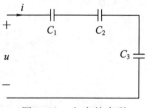

$$Z = Z_1 + Z_2 + Z_3 = -j\frac{1}{\omega C_1} - j\frac{1}{\omega C_2} - j\frac{1}{\omega C_3}$$
$$= -j\frac{1}{\omega}\left(\frac{1}{C_1} + \frac{1}{C_2} + \frac{1}{C_3}\right) = -j\frac{1}{\omega C}$$

图 3.28　电容的串联

假设有 n 个电容串联，则容易得到，串联的等效电容为

$$\frac{1}{C} = \frac{1}{C_1} + \frac{1}{C_2} + \cdots + \frac{1}{C_n} \tag{3-51}$$

即串联电容电路中，等效电路电容 C 的倒数为各串联电容倒数的总和。

3.5.3　阻抗的并联

在并联电路中,各支路电压相同。以两阻抗并联为例,参考方向如图 3.29 所示。根据阻抗的伏安关系和 KCL 相量关系有:

$$\dot{I} = \dot{I}_1 + \dot{I}_2 = \frac{\dot{U}}{Z_1} + \frac{\dot{U}}{Z_2} = \left(\frac{1}{Z_1} + \frac{1}{Z_2}\right)\dot{U} = \frac{\dot{U}}{Z}$$

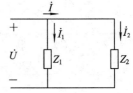

图 3.29　两阻抗并联电路

Z 是两并联电路的等效复阻抗。即

$$\frac{1}{Z} = \frac{1}{Z_1} + \frac{1}{Z_2} \quad 或 \quad Z = \frac{Z_1 Z_2}{Z_1 + Z_2} \qquad (3-52)$$

令 $Y = \dfrac{1}{Z}$ 为复导纳,则相量的伏安关系也可表达为

$$\dot{I} = Y\dot{U} \qquad (3-53)$$

显然电阻的复导纳

$$Y_R = \frac{1}{R}$$

电感的复导纳

$$Y_L = \frac{1}{j\omega L} = -j\frac{1}{\omega L}$$

电容的复导纳

$$Y_C = \frac{1}{-j\dfrac{1}{\omega C}} = j\omega C$$

1. n 条支路并联电路

对于有 n 条支路并联的电路,其等效复阻抗 Z 与各支路复阻抗的关系为

$$\frac{1}{Z} = \frac{1}{Z_1} + \frac{1}{Z_2} + \cdots + \frac{1}{Z_n}$$

或

$$Y = Y_1 + Y_2 + \cdots + Y_n \qquad (3-54)$$

例 3.13　如图 3.29 所示。已知 $Z_1 = 30 + j40$ (Ω)和 $Z_2 = 8 - j6$ (Ω),并联后接于 $u(t) = 220\sqrt{2}\,\sin\omega t$ (V)的电源上。求该电路的分支电流有效值 I_1、I_2 和总电流有效值 I,以及等效阻抗 Z。

解　　　　$\dot{U} = 220\,\underline{/0°}$ (V)

$$Z_1 = 30 + j40 = 50\,\underline{/53.1°}\,(\Omega)$$

$$Z_2 = 8 - j6 = 10\,\underline{/-36.9°}\,(\Omega)$$

$$Z = \frac{Z_1 Z_2}{Z_1 + Z_2} = \frac{50 \times 10\,\underline{/53.1° - 36.9°}}{30 + j40 + 8 - j6} = \frac{500\,\underline{/16.2°}}{51\,\underline{/41.8°}} = 9.8\,\underline{/-25.6°}\,(\Omega)$$

$$\dot{I}_1 = \frac{\dot{U}}{Z_1} = \frac{220\,\underline{/0°}}{50\,\underline{/53.1°}} = 4.4\,\underline{/-53.1°} = 2.64 - j3.52\ (A)$$

$$\dot{I}_2 = \frac{\dot{U}}{Z_2} = \frac{220\,\underline{/0°}}{10\,\underline{/-36.9°}} = 22\,\underline{/36.9°} = 17.6 + j13.2\ (A)$$

（方法一）

$$\dot{I} = \dot{I}_1 + \dot{I}_2 = 2.64 - j3.52 + 17.6 + j13.2 = 20.24 + j9.68 = 22.5\underline{/-25.6°}(\text{A})$$

或（方法二）

$$\dot{I} = \frac{\dot{U}}{Z} = \frac{220\underline{/0°}}{9.8\underline{/-25.6°}} = 22.5\underline{/25.6°}(\text{A})$$

由计算出的 $\dot{I}_1$、$\dot{I}_2$、I 得知，支路电流有效值 $I_1 = 4.4$ A，$I_2 = 22$ A，总电流有效值 $I = 22.5$ A，显然，有效值 $I_1 + I_2 \neq I$。

例 3.14　如图 3.30 所示电容和电感并联的电路，已知电容 $C = 0.001$ μF，电感 $L = 127$ mH，加端电压 $u(t) = 169.7\sin(314t + 30°)$(V)，求端口总电流及各支路电流的有效值和瞬时值。

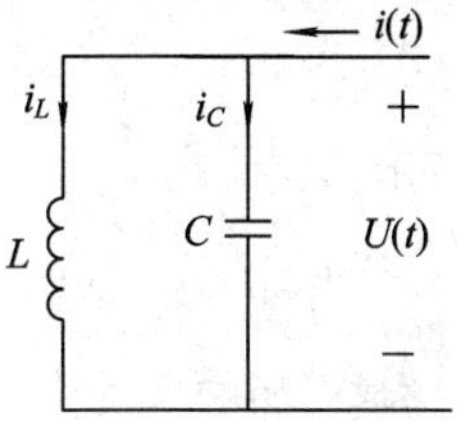

解　端电压 $u(t)$ 对应的相量：

$$\dot{U} = \frac{169.7}{\sqrt{2}}\underline{/30°}(\text{V}) = 120\underline{/30°}(\text{V})$$

$$\dot{I}_L = \frac{\dot{U}}{Z_L} = \frac{\dot{U}}{j\omega L} = \frac{120\underline{/30°}}{314 \times 127 \times 10^{-3}\underline{/90°}}$$

$$= 3\underline{/-60°}(\text{A})$$

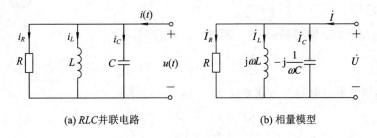

图 3.30　例 3.14 图

$$\dot{I}_C = \frac{\dot{U}}{Z_C} = \dot{U}Y_C = \dot{U}(j\omega C) = 120\underline{/30°} \times 314 \times 0.001 \times 10^{-6}\underline{/90°}$$

$$= 37.68\underline{/120°}(\mu\text{A})$$

$$\dot{I} = \dot{U}Y = \dot{U}(Y_L + Y_C) = \dot{U}\left(\frac{1}{j\omega L} + j\omega C\right) = 120\underline{/30°}(-j0.025 + j0.314 \times 10^{-6})$$

$$\approx 3\underline{/-60°}(\text{A})$$

根据复数与正弦量的对应关系得：

$$i(t) = 3\sqrt{2}\sin(314t - 60°)\ (\text{A})$$

$$i_L(t) = 3\sqrt{2}\sin(314t - 60°)\ (\text{A})$$

$$i_C(t) = 37.68\sqrt{2}\sin(314t + 120°)\ (\mu\text{A})$$

有效值：$I \approx I_L = 3$A，$I_C = 37.68$ (μA)。

2. RLC 并联电路

RLC 并联电路如图 3.31 所示。

图 3.31　RLC 并联电路

设 $u(t) = \sqrt{2}U\sin(\omega t + \varphi_u)$，则 $\dot{U} = U\underline{/\varphi_u}$。

$$\dot{I} = \dot{I}_R + \dot{I}_L + \dot{I}_C = (Y_R + Y_L + Y_C)\dot{U}$$

$$= \left(\frac{1}{R} - \mathrm{j}\frac{1}{\omega L} + \mathrm{j}\omega C\right)\dot{U} = \left[\frac{1}{R} + \mathrm{j}\left(\omega C - \frac{1}{\omega L}\right)\right]\dot{U}$$

$$= [G + \mathrm{j}(B_C - B_L)]\dot{U} = (G + \mathrm{j}B)\dot{U}$$

式中，G 为电导，$B_C = \frac{1}{X_C} = \omega C$ 为容纳，$B_L = \frac{1}{X_L} = \frac{1}{\omega L}$ 为感纳，B 统称为电纳。RLC 并联电路的相量图有三种情况：

(1) 当 $\omega L < \frac{1}{\omega C}$（即 $I_C < I_L$）时，端口电压 $\dot{U}$ 超前端口电流 $\dot{I}$，电路呈感性，如图 3.32 (a) 所示。

(2) 当 $\omega L > \frac{1}{\omega C}$（即 $I_C > I_L$）时，端口电压 $\dot{U}$ 滞后端口电流 $\dot{I}$，电路呈容性，如图 3.32 (b) 所示。

(3) 当 $\omega L = \frac{1}{\omega C}$（即 $I_C = I_L$）时，端口电压 $\dot{U}$ 与端口电流 $\dot{I}$ 同相位，电路呈阻性，称之为并联谐振，如图 3.32(c) 所示。

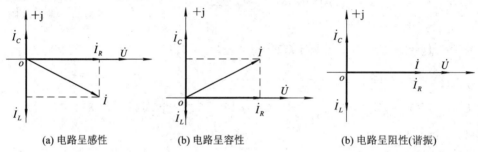

(a) 电路呈感性　　　　(b) 电路呈容性　　　　(b) 电路呈阻性(谐振)

图 3.32　RLC 并联电路相量图

3. 电感或电容并联电路

电感或电容的并联等效值计算如下：

(1) 电感的并联。电感的并联电路如图 3.33 所示。计算如下：

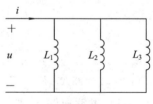

图 3.33　电感的并联

$$Y = Y_1 + Y_2 + Y_3 = \frac{1}{\mathrm{j}\omega L_1} + \frac{1}{\mathrm{j}\omega L_2} + \frac{1}{\mathrm{j}\omega L_3}$$

$$= \frac{1}{\mathrm{j}\omega}\left(\frac{1}{L_1} + \frac{1}{L_2} + \frac{1}{L_3}\right) = \frac{1}{\mathrm{j}\omega L}$$

假设有 n 个电感并联，则容易得到，并联的等效电感为

$$\frac{1}{L} = \frac{1}{L_1} + \frac{1}{L_2} + \cdots + \frac{1}{L_n} \tag{3-55}$$

(2) 电容的并联。电容的并联如图 3.34 所示，计算如下：

$$Y = Y_1 + Y_2 + Y_3$$

$$= \mathrm{j}\omega C_1 + \mathrm{j}\omega C_2 + \mathrm{j}\omega C_3$$

$$= \mathrm{j}\omega(C_1 + C_2 + C_3)$$

$$= \mathrm{j}\omega C$$

假设有 n 个电容并联，则容易得到，串联电容的等效电容
为

$$C = C_1 + C_2 + \cdots + C_n \qquad (3-56)$$

即并联电容电路中，等效电路电容 C 为并联电容的总和。

例 3.15　有两个电容，$C_1 = 200\ \mu\text{F}$，$C_2 = 47\ \mu\text{F}$，分别求
两个电容串联、并联后的总电容。

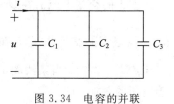

图 3.34　电容的并联

解　由串联电容有

$$\frac{1}{C} = \frac{1}{C_1} + \frac{1}{C_2}$$

则两个电容串联后的大小为

$$C = \frac{C_1 \times C_2}{C_1 + C_2} = \frac{200 \times 47}{200 + 47} = 38\ (\mu\text{F})$$

对于并联电容，并联后电容大小为

$$C = C_1 + C_2 = 200 + 47 = 247\ (\mu\text{F})$$

3.6　变　压　器

3.6.1　互感和互感电压

前面我们介绍的电感 L 亦称之为自感系数，是由于线圈本身电流变化而产生感应电动
势 $u_L = L\dfrac{\mathrm{d}i}{\mathrm{d}t}$，其中自感系数为 $L = \dfrac{\psi}{i}$，这种现象叫自感现象，感应电压 u_L 叫自感电压。

如图 3.35 所示，当有两个或两个以上的线圈相距足够近时，其中某个线圈电流所产生的
磁通可能会有部分(或全部)穿过另外一个线圈，这种一个线圈的磁通交链另一个线圈的现象
称为磁耦合。当一个线圈由于其中电流交变而引起磁通变化时，不仅在本线圈产生感应电动
势，还会在与它交链的其它线圈中产生感应电动势，这种现象叫互感现象。线圈 1 对线圈 2
的互感系数为 $M_{21} = \dfrac{\psi_{21}}{i_1}$，线圈 2 对线圈 1 的互感系数为 $M_{12} = \dfrac{\psi_{12}}{i_2}$，可以证明：$M_{21} = M_{12} = M$。

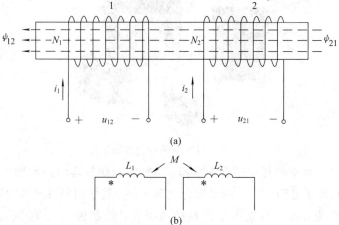

图 3.35　两线圈互感图和互感线圈的符号

线圈 1 的交变电流 i_1 在线圈 2 上产生的互感电压为 $u_{21} = M\dfrac{di_1}{dt}$，对应的相量为 $\dot{U}_{21} =$ $j\omega M\dot{I}_1$；线圈 2 的交变电流 i_2 在线圈 1 上产生的互感电压为 $u_{12} = M\dfrac{di_2}{dt}$，对应的相量为 $\dot{U}_{12} = j\omega M\dot{I}_2$。显然，当某线圈不仅有自感还存在互感时，该线圈的电压应该为自感电压与互感电压的叠加，即：

$$U_{L1} = L_1\frac{di_1}{dt} \pm M\frac{di_2}{dt}$$

同样：

$$U_{L2} = L_2\frac{di_2}{dt} \pm M\frac{di_1}{dt}$$

对应相量：

$$\left.\begin{array}{l} \dot{U}_{L1} = j\omega L_1\dot{I}_1 \pm j\omega M\dot{I}_2 \\ \dot{U}_{L2} = j\omega L_2\dot{I}_2 \pm j\omega M\dot{I}_1 \end{array}\right\} \tag{3-57}$$

互感线圈的同名端是这样规定的：如果两个互感线圈的电流 i_1 和 i_2 所产生的磁通是相互增强的，那么，两电流同时流入（或流出）的端钮就是同名端；如果磁通是相互削弱的，则两电流同时流入（或流出）的端钮就是异名端。同名端标记用符号"＊"标出。显然，对于式(3-57)，如果互感的磁通是增强的，取"＋"；如果磁通是相互削弱的，取"－"。

3.6.2 理想变压器模型

变压器(Transformer)是利用电磁感应（即互感）从一个电路向另一个电路传递能量或信号的装置，或者说变压器是能够变换交流电压、电流或阻抗的装置。变压器主要由两个具有互感的初级线圈（原边）和次级线圈（副边）构成。当两互感线圈绕在铁心（磁心）上时，称为铁心变压器，其耦合系数接近于 1，属紧耦合。当两互感线圈绕在非铁磁材料上时，称为空心变压器，其耦合系数较小，属松耦合。我们这里主要介绍紧耦合的铁心变压器。在电器设备和无线电电路中，变压器常用于升降电压、匹配阻抗、安全隔离等。图 3.36 给出了几种常见的变压器元件。

图 3.36　几种常见的变压器元件

理想变压器是一种无损耗全耦合变压器，是对实际变压器的一种抽象，是实际变压器的理想化模型。它属于有两对端钮的磁耦合电路元件，其结构和符号如图 3.37 所示。变压器铁心柱有两个绕组，其中与输入电源相接的绕线，匝数为 N_1，称为初级绕组（一次绕组），也叫原边线圈；与输出负载相连接的绕线，匝数为 N_2，称为次级绕组（二次绕组），也叫副边线圈。

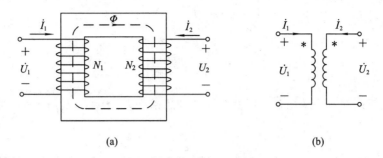

图 3.37　变压器的结构和符号

理想变压器应当满足下面三个理想条件：

(1) 变压器本身无损耗，即原边电阻 $R_1 = 0$，副边电阻 $R_2 = 0$。

(2) 全耦合。设变压器原边线圈的电感为 L_1，副边线圈的电感为 L_2，两线圈的互感为 M，全耦合的耦合系数 $k = \dfrac{M}{\sqrt{L_1 L_2}} = 1$。

(3) L_1、L_2 和 M 都趋于无穷大，但 $\sqrt{\dfrac{L_1}{L_2}}$ 为有限值，并等于原、副边线圈的匝数比 n。n 亦称变比：$n = \dfrac{N_1}{N_2} = \sqrt{\dfrac{L_1}{L_2}}$，其中 N_1 为原边线圈的匝数，N_2 为副边线圈的匝数。

变压器主要包括铁心和绕组两大部分。常用的铁心形状一般为 E 型和 C 型。

3.6.3　理想变压器的参数与伏安关系

如图 3.37 所示，设每个线圈的端电压与电流都取关联参考方向。根据上述三个理想化条件以及两线圈磁耦合时的互感原理，我们找出理想变压器的参数及其伏安关系式。

根据全耦合的条件，设两线圈磁耦合时的磁通为 Φ，则匝数为 N_1 的线圈 1 的磁链为

$$\psi_1 = N_1 \Phi$$

那么匝数为 N_2 的线圈 2 的磁链为

$$\psi_2 = N_2 \Phi$$

再根据无损耗条件 $R_1 = R_2 = 0$，则有

$$u_1 = \frac{\mathrm{d}\psi_1}{\mathrm{d}t} = N_1 \frac{\mathrm{d}\Phi}{\mathrm{d}t}, \quad u_2 = \frac{\mathrm{d}\psi_2}{\mathrm{d}t} = N_2 \frac{\mathrm{d}\Phi}{\mathrm{d}t}$$

所以理想变压器原边与副边的电压比为

$$\frac{u_1}{u_2} = \frac{N_1}{N_2} = n \tag{3-58}$$

对于正弦交流电也可表示为相量形式

$$\frac{\dot{U}_1}{\dot{U}_2} = \frac{N_1}{N_2} = n \tag{3-59}$$

n 称为理想变压器的变比，它是理想变压器唯一的参数。

我们再来看理想变压器的电流与变比的关系。根据两线圈磁耦合时的互感原理，显然

电压是自感电压与互感电压的叠加，由式(3-57)有

$$\dot{U}_1 = j\omega L_1 \dot{I}_1 + j\omega M \dot{I}_2$$

则有

$$\dot{I}_1 = \frac{\dot{U}_1}{j\omega L_1} - \frac{M}{L_1}\dot{I}_2 \tag{3-60}$$

根据第 2 个理想条件 $M = \sqrt{L_1 L_2}$，以及第 3 个理想条件 $L_1 \to \infty$，但$\sqrt{\frac{L_1}{L_2}} = n$，代入(3-60)式，得

$$\dot{I}_1 = \frac{\dot{U}_1}{j\omega L_1} - \sqrt{\frac{L_2}{L_1}}\dot{I}_2 = 0 - \frac{1}{n}\dot{I}_2$$

所以有电流相量关系

$$\dot{I}_1 = -\frac{1}{n}\dot{I}_2 \tag{3-61}$$

瞬时值表达式为

$$i_1 = -\frac{1}{n}i_2$$

可见，理想变压器的参数与瞬时值伏安关系为

$$u_1 = nu_2, \quad i_1 = -\frac{1}{n}i_2 \tag{3-62}$$

以上结论是基于图 3.37 所示参考方向和同名端位置得出的。如果参考方向或同名端位置与图 3.37 所示情况不同，则电流、电压关系可能有不同的符号。

我们也可以推导出理想变压器的有效值关系：

因功率相等 $\qquad\qquad\qquad I_1 U_1 = I_2 U_2$

所以

$$\frac{U_1}{U_2} = \frac{I_2}{I_1} = \frac{N_1}{N_2} = n \tag{3-63}$$

显然变压器具有变换电压大小和变换电流大小的作用。

3.6.4 变压器的阻抗变换作用与应用举例

变压器还具有变换阻抗的作用。如图 3.38 所示，当变压器副边接入负载阻抗为 Z 时，则从原边看进去的输入阻抗为 Z'：

$$Z' = \frac{\dot{U}_1}{\dot{I}_1} = \frac{n\dot{U}_2}{-\frac{1}{n}\dot{I}} = n^2\left(-\frac{\dot{U}_2}{\dot{I}_2}\right) = n^2 Z \tag{3-64}$$

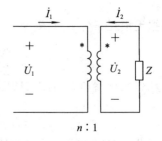

$n:1$

图 3.38 理想变压器阻抗变换

显然副边阻抗 Z 折合到原边后的阻抗变换为 $n^2 Z$。在电子技术(如放大电路的输出信号电路)中，常利用理想变压器的阻抗变换作用来实现最大功率的匹配。

例 3.16 某正弦信号源(电源)的内阻为 500 Ω，而负载电阻 R_L 仅为 5 Ω。为实现功率匹配，负载电阻就要与信号源(电源)的内阻相等，故可在负载电阻与信号源之间接入一个

理想变压器，实现阻抗变换，达到匹配的要求。试求该变压器的变比 n。

解　见图 3.39 所示，R_L 接在变压器的副边，折合到原边时的电阻应为 $n^2 R_L$，由题意知

$$n^2 R_L = R_s$$
$$n^2 \times 5 = 500$$

$$n = \sqrt{\frac{500}{5}} = 10$$

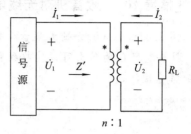

图 3.39　理想变压器阻抗匹配

所以接入变比为 10 的一个理想变压器即可实现功率匹配。

例 3.17　电路如图 3.40 所示，变压器的变比 $n = \dfrac{1}{10}$，求电压 $\dot{U}_2$。

解　将副边电阻折合到原边电阻为 R，原边电路的等效电路见图 3.40(b)。有

$$R = n^2 R_L = \frac{1}{10^2} \times 60 = 0.6\,(\Omega)$$

$$\dot{U}_1 = \frac{10\underline{/0^\circ}}{1 + 0.6} \times 0.6 = 3.75\underline{/0^\circ}\,(\text{V})$$

$$\dot{U}_2 = \frac{1}{n}\dot{U}_1 = 10 \times 3.75\underline{/0^\circ} = 37.5\underline{/0^\circ}\,(\text{V})$$

显然这是一个升压变压器。

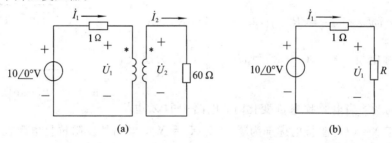

图 3.40　例题 3.17 图

3.7　谐　振　电　路

3.7.1　串联谐振电路

谐振是正弦电路在特定条件下所产生的一种特殊物理现象。在无线电通信、收音机和电视机中，可利用谐振电路的特性来选择所需的信号，抑制（或过滤）某些干扰信号。另外在某些情况下，如电力系统中，电路发生谐振会破坏设备的正常工作，应该防止。因此，谐振现象的研究有着重要的实际意义。

[情境 10]　收音机对无线电信号的选择问题

图 3.41(a)、(b)分别为收音机接收电路及其等效电路示意图，在接收频段内有三个电台，调节电容 C 为什么可以接收到我们想要的广播电台的节目？通过学习下面的内容可以帮助解答该问题。

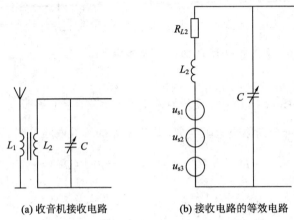

　　　(a) 收音机接收电路　　　　　　(b) 接收电路的等效电路

图 3.41　收音机接收电路与其等效电路示意图

1. 串联谐振及谐振条件

图 3.42 为 RLC 串联正弦交流电路，其阻抗为

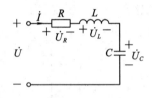

$$Z = R + \mathrm{j}\omega L - \mathrm{j}\frac{1}{\omega C} = R + \mathrm{j}\left(\omega L - \frac{1}{\omega C}\right) = R + \mathrm{j}X$$

其中，X 统称电抗，$X = X_L - X_C = \omega L - \dfrac{1}{\omega C}$，$X_L$ 为感抗，X_C 为容抗。

图 3.42　RLC 串联谐振电路

由上式可见，当电源频率 ω 变化时，电路中的 Z 也将发生变化。若 $X=0$（即阻抗的虚部为零），则 $X_L=X_C$，电路的复阻抗呈电阻性，电路端口总电压和总电流同相位，则称电路发生串联谐振。

由上式可见，$X=0$ 时，有：

$$\omega L = \frac{1}{\omega C} \tag{3-65}$$

由式(3-65)可见 RLC 串联电路产生谐振的条件是：$X_L=X_C$，则 $IX_L=IX_C$。

由此可知，RLC 串联电路产生谐振时：

$$U_L = U_C$$

由式(3-65)可推导出 RLC 串联电路的谐振角频率是：

$$\omega = \omega_0 = \frac{1}{\sqrt{LC}} \tag{3-66}$$

其中，ω_0 称为电路的谐振角频率。根据 $\omega = 2\pi f$，得到谐振频率为

$$f_0 = \frac{1}{2\pi\sqrt{LC}} \tag{3-67}$$

由式(3-66)、式(3-67)可见，谐振频率仅由 L、C 确定，是电路所固有的。

　　因此，为了实现谐振，既可以在固定参数（即 L、C 不变）的情况下改变激励（电源信号）的频率，又可以在激励（电源信号）频率不变的情况下改变电路的电容或电感。换句话说，不论变频率、变电容，或变电感，都有可能使电路发生谐振。

　　电路谐振时的感抗和容抗为

$$\omega_0 L = \frac{1}{\omega_0 C} = \rho \tag{3-68}$$

即

$$\rho = \sqrt{\frac{L}{C}} \tag{3-69}$$

上式中的 ρ 定义为谐振电路的特性阻抗，单位为 Ω。由上式可知，特性阻抗 ρ 只与电路的 L 和 C 有关，与谐振频率大小无关。ρ 是衡量电路特性的一个重要参数。

　　例 3.18　如图 3.43 所示，已知 $L=500\ \mu\text{H}$，C 为可变电容，变化范围 12 pF～290 pF，$R=20\ \Omega$，若外施信号源频率为 700 kHz，则 C 应为何值才能使回路对信号源频率发生谐振？

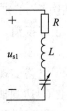

图 3.43　例 3.18 图

　　解　由

$$f_0 = \frac{1}{2\pi\sqrt{LC}}$$

得：

$$C = \frac{1}{\omega_0^2 L} = \frac{1}{(2\pi \times 700 \times 10^3)^2 \times 500 \times 10^{-6}} = \frac{1}{9.66 \times 10^9}$$

$$= 103.5 \times 10^{-12}\ \text{F} = 103.5\ \text{pF}$$

所以当电容调节到 103.5 pF 时，该电路与频率为 700 kHz 的电源信号发生谐振。

　　2. 串联谐振特征

　　(1) 谐振时阻抗 $Z = R$ 为纯电阻，谐振时阻抗值 Z 最小，因此电路中的电流达到最大，即谐振电流

$$I_0 = I_{\max} = \frac{U_s}{R}$$

　　(2) 串联谐振电路的品质因数 Q 为谐振时感抗（或容抗）与电阻之比，即

$$Q = \frac{\rho}{R} = \frac{\omega_0 L}{R} = \frac{1}{R\omega_0 C} = \frac{1}{R}\sqrt{\frac{L}{C}} \tag{3-70}$$

其中 R 为串联回路的等效电阻，显然，可通过提高 L 降低 R、C 来升高品质因数 Q。如果是有载时，必须将负载 R_L 和信号源内阻 R_s 加到电阻里，则 Q 将降低。

　　由式(3-70)得：

$$Q = \frac{\omega_0 L I_0}{R I_0} = \frac{U_{L0}}{U_s} = \frac{U_{C0}}{U_s}$$

工程上可以通过测量 U_{C0} 来获得 Q 值。由此可得一个非常重要的结论：串联谐振时，电感和电容两端的电压有效值相等，其大小为信号电源电压 U_s 的 Q 倍，即：

$$U_{L0} = U_{C0} = QU_s \tag{3-71}$$

　　当 $Q \gg 1$ 时，电感和电容两端出现大大高于电源电压 U_s 的高电压，无线电技术中正是利用串联谐振的这一特点，将微弱的信号电压输入到串联谐振回路后，在电感或电容两端

可以得到一个比输入信号电压大许多倍的电压。但在电力系统中，由于电源电压比较高，如果电路在接近串联谐振的情况下工作，在电感或电容两端将出现过电压，引起电气设备的损坏。所以在电力系统中必须适当选择电路参数 L 和 C，以避免发生谐振现象。

（3）端口电压、电流同相位。谐振时的相量图如图 3.44 所示。谐振时 R、L、C 的相量关系：

$$\dot{I}_0 = \frac{\dot{U}_s}{R}$$

$$\dot{U}_R = R\dot{I}_0 = \dot{U}_s$$

$$\dot{U}_{L0} = j\omega_0 L\dot{I}_0 = j\frac{\omega_0 L}{R}\dot{U}_s = jQ\dot{U}_s \qquad (3-72)$$

$$\dot{U}_{C0} = -j\frac{I}{\omega_0 C}\dot{I}_0 = -j\frac{I}{\omega_0 CR}\dot{U}_s = -jQ\dot{U}_s \qquad (3-73)$$

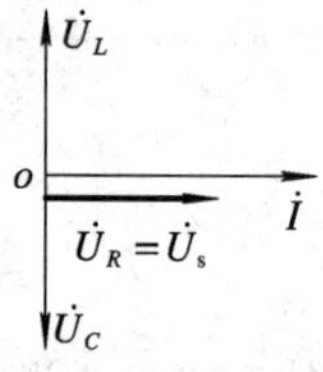

图 3.44 谐振的相量图

从图 3.44 和式（3-72）、式（3-73）可见，电感和电容两端的电压相量大小相等，相位相反，正好抵消，L、C 相当于短路，所以串联谐振也称电压谐振，此时电源电压全部加在电阻上。

（4）电路实现谐振方式为：L、C 不变，改变 ω 达到谐振；电源频率不变，改变 L 或 C（常改变 C）达到谐振。

（5）谐振时整个电路的无功功率为零，但元件的无功功率 Q_L、Q_C 不等于零，电感与电容之间周期性地进行磁场能量与电场能量的交换。有

$$W_C = \frac{1}{2}Cu_C^2 = \frac{1}{2}CU_{Cm}^2\cos^2\omega_0 t = \frac{1}{2}C(QU_m)^2\cos^2\omega_0 t$$

$$= \frac{1}{2}C\left(\frac{1}{R}\sqrt{\frac{L}{C}}U_m\right)^2\cos^2\omega_0 t = \frac{1}{2}LI_m^2\cos^2\omega_0 t$$

$$W_L = \frac{1}{2}Li^2 = \frac{1}{2}LI_m^2\sin^2\omega_0 t$$

（6）谐振时的能量关系：总能量是常量，不随时间变化，即

$$W_{sum} = W_C + W_L = \frac{1}{2}LI_m^2 = \frac{1}{2}CU_m^2 \qquad (3-74)$$

3. 串联谐振电路的频率特性

当外加电压有效值不变时，电流的频率特性为

$$I(\omega) = \frac{U}{|Z(\omega)|} = \frac{U}{\sqrt{R^2 + \left(\omega L - \frac{1}{\omega C}\right)^2}}$$

如图 3.45 所示，显然只有当外加电压的频率等于谐振频率 ω_0 时，电流取得最大值 I_0（即为 U_s/R），而当频率偏离 ω_0 时，电流就从最大值 I_0 下降。品质因数 Q 值越大，幅频特性曲线越尖锐，说明电路的选择性越好。

在电流等于 $0.707I_0$ 处所对应的两个频率 f_1、f_2 之间的频率范围称为通频带，见图 3.46。显然串联谐振电路只允许一定频率范围的电流通过，所以对电流来说它是一个带通滤波器。通频带带宽 B 为

$$B = \Delta f = f_2 - f_1 = \frac{f_0}{Q} \qquad (3-75)$$

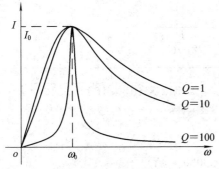

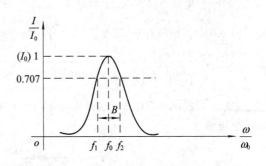

图 3.45　电流谐振曲线与 Q 的关系　　　　　　　图 3.46　幅频特性通频带示意图

从图 3.45 可见，品质因数 Q 是反映谐振回路中电磁振荡程度的量，品质因数越大，总的能量就越大，维持一定量的振荡所消耗的能量愈小，振荡程度就越剧烈，则振荡电路的"品质"愈好。一般应用于谐振状态的电路希望尽可能提高 Q 值。对于调谐电路来说，电路的 Q 值越大，其选择性越好，表明电路对不是谐振角频率的电流具有较强的抑制能力。

为了能反映任何串联谐振电路的幅频特性，采用电流相对值 $I(\omega)/I_0$ 与频率相对值 $\omega/\omega_0 = \eta$ 之间的关系这一幅频特性，其表达式为

$$\alpha = \frac{I(\omega)}{I_0} = \frac{1}{\sqrt{1 + Q^2\left(\dfrac{\omega}{\omega_0} - \dfrac{\omega_0}{\omega}\right)^2}} \tag{3-76}$$

幅频特性曲线如图 3.47 所示。式（3-76）中，α 称为相对抑制比，它表明了电路在角频率 ω 偏离谐振角频率 ω_0 时，对非谐振电流的抑制能力。

前面图 3.45 已表明，Q 越高，曲线越尖锐，通频带越窄，电路选择性越好，但太窄将导致保真度差，即从幅度失真看，要求谐振曲线在顶端平坦为好，所以通频带不能过窄。Q 值一般要取得合适，约为 $50\sim200$。

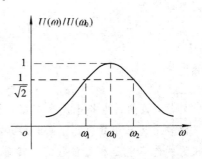

图 3.47　串联谐振幅频特性曲线

【解答情境 10 的问题】

用上述例 3.18 的参数来讨论，对频率为 700 kHz 的某广播电台的信号电压 u_{s1}（其有效值 $U_{s1} = 10\ \mu\text{V}$），该电路与此发生谐振，见图 3.43 和图 3.41(b)。电路的品质因数为

$$Q = \frac{\omega_0 L}{R} = \frac{2\pi f_0 L}{R} = \frac{2 \times 3.14 \times 700 \times 10^3 \times 500 \times 10^{-6}}{20} = 110$$

从电容两端取信号，则电容电压有效值为

$$U_{C1} = QU_{s1} = 110 \times 10 = 1100\ (\mu\text{V})$$

谐振电流为

$$I_0 = \frac{U_{s1}}{R} = \frac{10}{20} = 0.5\ (\mu\text{A})$$

显然，该频道电路谐振，能获取较大电流，并在电容端获取较大电压。

如果另有两个电台，其频率分别为 400 kHz 和 1000 kHz，信号电压有效值 $U_{s2} = 10\ \mu\text{V}$，$U_{s3} = 10\ \mu\text{V}$，分别计算其电容电压和回路电流。

① 对于频率为 400 kHz 的电台：

$$|Z| = \sqrt{R^2 + (X_L - X_C)^2} = \sqrt{R^2 + \left(2\pi fL - \frac{1}{2\pi fC}\right)^2}$$

$$= \sqrt{20^2 + \left(6.28 \times 400 \times 10^3 \times 5 \times 10^{-4} - \frac{1}{2.512 \times 10^6 \times 103.5 \times 10^{-12}}\right)^2}$$

$$= 2590\ (\Omega)$$

则回路电流为

$$I = \frac{U_{s2}}{|Z|} = \frac{10}{2590} = 0.0039\ (\mu A)$$

电容电压

$$U_{C2} = X_C I = 3846 \times 0.0039 = 14.8\ (\mu V)$$

显然，该频道电路没有谐振，电流很小，电容端的电压也非常小。

② 对于频率为 1000 kHz 的电台：

$$|Z| = \sqrt{R^2 + (X_L - X_C)^2} = \sqrt{R^2 + \left(2\pi fL - \frac{1}{2\pi fC}\right)^2}$$

$$= \sqrt{20^2 + \left(6.28 \times 1000 \times 10^3 \times 5 \times 10^{-4} - \frac{1}{6.28 \times 10^6 \times 103.5 \times 10^{-12}}\right)^2}$$

$$= 1601.6\ (\Omega)$$

则回路电流为

$$I = \frac{U_{s3}}{|Z|} = \frac{10}{1601.6} = 0.0062\ (\mu A)$$

电容电压

$$U_{C2} = X_C I = 1538.5 \times 0.0062 = 9.5\ (\mu V)$$

显然，该频道电路也没有谐振，电流很小，电容端的电压也非常小。

比较上述三组数据，可见电路只有对产生谐振频率的信号即 700 kHz 的某广播电台具有较大的电容电压和回路电流，其余频率的广播信号很微小，即被抑制了。换一种说法，通过调节电容 C，可以使电路与我们需要接收的频率信号产生谐振，达到选择广播电台的目的。

另外要注意，当电源内阻较大时，从 $Q = \dfrac{\rho}{R}$ 可知采取串联谐振会降低品质因数，从而影响谐振电路的选择性。因此，对于电源(信号源)内阻很大的电路，采用串联谐振电路将严重降低回路的品质因数，使电路的选择性变坏，所以，串联谐振电路适用于内阻较小的电压源信号。而对于内阻很大的信号源(亦称为电流源)应采用并联谐振电路。

3.7.2 并联谐振电路

理想并联谐振电路模型如图 3.48 所示，其复导纳：

$$Y = \frac{1}{R_p} + j\left(\omega C - \frac{1}{\omega L}\right) = G + j(B_C - B_L) = G + jB \qquad (3-77)$$

电路产生并联谐振的条件是复导纳的虚部(电纳 B)为零，即 $\omega C - \dfrac{1}{\omega L} = 0$，同样得到并联谐振的频率为：$\omega = \omega_0 = \dfrac{1}{\sqrt{LC}}$，即 $f_0 = \dfrac{1}{2\pi\sqrt{LC}}$。

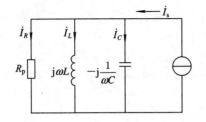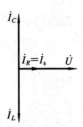

图 3.48　理想并联谐振电路模型和相量图

实际常用的并联谐振电路是电感线圈与电容器并联，由于电感线圈有内阻 R，所以其模型如图 3.49 所示。

1. 实际并联电路谐振条件

图 3.49 所示电路中，并联电路的电流为：

$$\dot{I}_L = \frac{\dot{U}}{Z_L} = \frac{\dot{U}}{R + \mathrm{j}\omega L} = Y_1 \dot{U}$$

$$\dot{I}_C = \frac{\dot{U}}{Z_C} = \mathrm{j}\omega C \dot{U} = Y_2 \dot{U}$$

由阻抗的并联可知：

$$Y = Y_1 + Y_2$$

图 3.49　并联谐振电路

并联电路总的复导纳为

$$Y = Y_1 + Y_2 = \frac{1}{R + \mathrm{j}\omega L} + \mathrm{j}\omega C = \frac{R}{R^2 + \omega^2 L^2} + \mathrm{j}\left(\omega C - \frac{\omega L}{R^2 + \omega^2 L^2}\right) = G + \mathrm{j}B$$

$$(3-78)$$

由式可见，若电纳 $B=0$，即电路的复导纳虚部为零，则 $Y=G$，电流与电压同相，此时电路发生并联谐振。由此可得并联谐振条件是复导纳的电纳 B 为零，即：

$$\omega_0 C - \frac{\omega_0 L}{R^2 + \omega_0{}^2 L^2} = 0$$

$$\omega_0 C = \frac{\omega_0 L}{R^2 + \omega_0{}^2 L^2} \tag{3-79}$$

谐振角频率为

$$\omega_0 = \sqrt{\frac{1}{LC} - \frac{R^2}{L^2}} = \frac{1}{\sqrt{LC}}\sqrt{1 - \frac{CR^2}{L}} \tag{3-80}$$

一般来说，实际电路中电感线圈内阻 R 很小，远小于线圈感抗，即 $R \ll \omega_0 L$。由式 (3-79) 可知，当其分母的 R^2 项忽略不计时，有 $\omega_0 C \approx \dfrac{\omega_0 L}{\omega_0{}^2 L^2}$，$\omega_0 C \approx \dfrac{1}{\omega_0 L}$，得到并联谐振时的频率为

$$\omega_0 \approx \frac{1}{\sqrt{LC}} \quad \text{及} \quad f_0 \approx \frac{1}{2\pi\sqrt{LC}} \tag{3-81}$$

式 (3-81) 是这种实际并联谐振电路常用的近似计算公式。

由式 (3-80) 可知，只有当 $1 - \dfrac{CR^2}{L} > 0$，即 $R < \sqrt{\dfrac{L}{C}}$ 时，ω_0 才是实数，电路才可能发生

谐振，否则无论怎么改变信号源（或电源）频率，都不能产生谐振。

2. 并联谐振特征

（1）在并联谐振电路的输入端接入信号源，如图 3.50 所示。如果 $R \ll \omega L$，计算谐振时的复导纳可根据式（3-78）推导。谐振时，$B=0$，

$$Y_0 = \frac{R}{R^2 + \omega_0^2 L^2} \approx \frac{R}{\omega_0^2 L^2}$$

所以

$$Z_0 = \frac{1}{Y_0} \approx \frac{\omega_0^2 L^2}{R} \approx \frac{\left(\dfrac{1}{\sqrt{LC}}\right)^2 L^2}{R} = \frac{L}{RC}$$

即并联谐振时的阻抗：

$$Z_0 = \frac{L}{RC} \tag{3-82}$$

式（3-82）显示电路阻抗呈电阻性，Z_0 为最大，因此谐振电路两端的电压值达到最大：$\dot{U}_0 = \dot{I}\dfrac{L}{RC}$，且端口电压与电流同相位（如相量图 3.51 所示）。

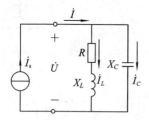
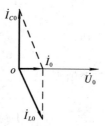

图 3.50　信号源接入谐振电路　　　　　图 3.51　电压电流的相量图

（2）品质因数 Q。并联谐振电路的品质因数 Q 是谐振时等效容纳或等效感纳与等效电导之比，由式（3-78）知：

$$Q = \frac{B_C}{G} = \frac{B_L}{G} = \frac{\dfrac{\omega_0 L}{R^2 + \omega_0^2 L^2}}{\dfrac{R}{R^2 + \omega_0^2 L^2}} = \frac{\omega_0 L}{R}$$

或者采用

$$I_C = \frac{U}{X_C} = \omega_0 C U, \quad I = \frac{U}{Z_0} = \frac{RC}{L} U$$

得

$$Q = \frac{I_C}{I} = \frac{\omega_0 C U}{\dfrac{RC}{L} U} = \frac{\omega_0 L}{R} \tag{3-83}$$

又因为当 $R \ll \omega_0 L$ 时，$\omega_0 \approx \dfrac{1}{\sqrt{LC}}$，所以：

$$Q = \frac{\omega_0 L}{R} \approx \frac{1}{R}\sqrt{\frac{L}{C}} \tag{3-84}$$

可见，欲使品质因数 Q 很大，必须使 $\dfrac{L}{C} \gg R^2$。

（3）并联谐振电路的支路电流可能远远大于端口电流，为端口总电流的 Q 倍（所以并联谐振又称为电流谐振）：

$$I_{L0} \approx I_{C0} = QI_{\mathrm{s}} \qquad\qquad (3-85)$$

如果 $Q \gg 1$，即 $\omega_0 L \gg R$ 时，在电感和电容中出现大大高于电源电流的大电流，称为过电流现象，这在电力系统等非通信电路中是要避免的。

谐振时电压电流的相量图如图 3.51 所示。

外加电压一定时，因阻抗 Z_0 为最大，故总电流 I_0 最小，为

$$I_0 = \frac{U}{Z_0} = \frac{RC}{L}U = I_{\min} \qquad\qquad (3-86)$$

（4）谐振时整个电路的无功功率为零，但 Q_L、Q_C 不等于零，电感与电容之间周期性地进行磁场能量与电场能量的交换。谐振时的总能量是常量，不随时间变化。

3. 并联谐振电路的频率特性

频率特性中最重要的是并联谐振幅频特性曲线，如图 3.52 所示。谐振电路两端的电压 $\dot{U}$ 为

$$\dot{U} = \dot{I}\left[\cfrac{1}{\cfrac{1}{R+\mathrm{j}\omega L} + \mathrm{j}\omega C}\right] = \dot{I}\,\cfrac{\cfrac{1}{\mathrm{j}\omega C}(R+\mathrm{j}\omega L)}{\cfrac{1}{\mathrm{j}\omega C} + (R+\mathrm{j}\omega L)}$$

$$\approx \dot{I}\,\cfrac{\cfrac{1}{\mathrm{j}\omega C}\mathrm{j}\omega L}{R + \mathrm{j}\left(\omega L - \cfrac{1}{\omega C}\right)} = \dot{I}\,\cfrac{\cfrac{L}{RC}}{1 + \mathrm{j}\cfrac{\omega_0 L}{R}\left(\cfrac{\omega}{\omega_0} - \cfrac{\omega_0}{\omega}\right)}$$

$$(3-88)$$

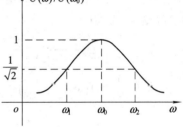

图 3.52　并联谐振幅频特性

由谐振时电路两端的电压 $\dot{U}_0 = \dot{I}\,\dfrac{L}{RC}$ 为最大，上式可整理为

$$\frac{\dot{U}}{\dot{U}_0} = \frac{1}{1 + \mathrm{j}Q\left(\dfrac{\omega}{\omega_0} - \dfrac{\omega_0}{\omega}\right)} \qquad\qquad (3-89)$$

则其有效值之比为

$$\frac{U}{U_0} = \frac{1}{\sqrt{1 + Q^2\left(\dfrac{\omega}{\omega_0} - \dfrac{\omega_0}{\omega}\right)^2}} \qquad\qquad (3-90)$$

并联谐振回路的幅频曲线与串联谐振回路的幅频曲线具有相似的形状，但纵坐标是电压参数。并联谐振回路总作为放大器的负载，因为晶体管可视为内阻很大的信号电源。

例 3.19　将一个内阻为 15 Ω，电感为 0.25 mH 的线圈和一个电容为 100 pF 的电容器并联，求该并联电路的谐振频率和谐振时的等效阻抗。

解　由于 $R = 15\ \Omega$ 很小，可采用近似的谐振频率计算公式：

$$f_0 \approx \frac{1}{2\pi\sqrt{LC}} = \frac{1}{2\pi\sqrt{0.25 \times 10^{-3} \times 100 \times 10^{-12}}} \approx 1007\ (\mathrm{kHz})$$

将该结果与精确公式比较：

$$f_0 = \frac{1}{2\pi}\sqrt{\frac{1}{LC} - \frac{R^2}{L^2}}$$

$$= \frac{1}{2\pi}\sqrt{\frac{1}{0.25\times10^{-3}\times100\times10^{-12}} - \frac{15^2}{(0.25\times10^{-3})^2}}$$

$$\approx 1007\ (kHz)$$

显然，采用近似的谐振频率计算公式，将大大简化计算过程而对计算结果误差可忽略不计。

谐振时的等效阻抗为

$$Z_0 = \frac{L}{RC} = \frac{0.25\times10^{-3}}{15\times100\times10^{-12}} \approx 166.7\ (k\Omega)$$

例 3.20　一个内阻为 10 Ω 的电感线圈，品质因数 $Q=100$，与电容接成并联谐振电路。如果再并上一个 100 kΩ 的电阻，见图 3.53，电路的品质因数 Q_p 降低为多少？

解　由原并联谐振电路的品质因数 $Q=\dfrac{\omega_0 L}{R}$，得：

$$\omega_0 L = QR = 100\times10 = 1000\ (\Omega)$$

并上一个 $r=100$ kΩ 的电阻，见图 3.53，结合式(3-78)，得复导纳为

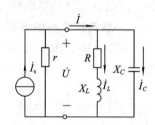

图 3.53　谐振电路并联电阻 r

$$Y = \frac{1}{r} + \frac{R}{R^2+(\omega L)^2} + j\left[\omega C - \frac{\omega L}{R^2+(\omega L)^2}\right]$$

$$= \frac{1}{R_p} + j\left(\omega C - \frac{1}{\omega L_P}\right)$$

$$Q_p = \frac{\dfrac{1}{\omega L_p}}{\dfrac{1}{R_p}} = \frac{\dfrac{\omega L}{R^2+(\omega L)^2}}{\dfrac{1}{r} + \dfrac{R}{R^2+(\omega L)^2}} = \frac{\dfrac{1000}{10^2+1000^2}}{\dfrac{1}{100\times10^3} + \dfrac{10}{10^2+1000^2}}$$

$$= \frac{10^6}{2\times10^4+1} \approx \frac{10^6}{2\times10^4} = 50 \qquad (3-91)$$

结论：(1) 对于图 3.49 所示的并联谐振电路，如果再并联电阻(见图 3.53)，或考虑电流信号源内阻 r，则品质因数将降低。

(2) 信号源内阻 r 愈大，由式(3-91)可知，品质因数 Q 也愈大。

例 3.21　求图 3.54 所示电路的谐振频率。

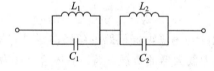

图 3.54　例 3.21 电路

解　所示电路中，有两个 LC 并联电路再串联，电路的阻抗为

$$Z = j\omega L_1 \ /\!/ \ \frac{1}{j\omega C_1} + j\omega L_2 \ /\!/ \ \frac{1}{j\omega C_2}$$

求其谐振频率时，令其虚部 X 为零，电路发生谐振。因 $R=0$，亦即 $Z=0$，有

$$jωL_1 \mathbin{/\mkern-5mu/} \frac{1}{jωC_1} + jωL_2 \mathbin{/\mkern-5mu/} \frac{1}{jωC_2} = 0$$

解方程得谐振时的角频率为

$$ω_0 = \sqrt{\frac{L_1 + L_2}{L_1 L_2 (C_1 + C_2)}}$$

*实操 8　并联谐振电路

一、实操目的

（1）验证 RLC 并联谐振电路的特点。

（2）测定并联谐振电路的谐振曲线，加深对并联谐振的理解。

二、实验仪器和设备

（1）低频信号发生器一台。

（2）电子毫伏表一台。

（3）电阻器：$1\ Ω$、$0.25\ W$，2 只；$10\ kΩ$、$0.25\ W$，1 只。

（4）电感器：$30\ mH$（直流电阻小于 $20\ Ω$），1 只。

（5）电容器：$0.033\ μF$、$0.022\ μF$ 各 1 只；可调电容箱（$0.01\ μF \sim 0.05\ μF$）1 个。

三、注意事项

（1）改变频率时，低频信号发生器输出电压要保持 $5\ V$。

（2）使用电子毫伏表测量电压时，要根据量限变换挡位，并校对零点。

四、实验内容与实验操作步骤

1. 实验原理与说明

电感线圈通常可等效为电感 L 与其内阻 R 串联（常称为 RL），所以电感器与电容器 C 并联的电路可用图 sy8.1 所示的电路来等效。该电路在后续课程（如高频电子线路）的学习中会经常遇到。

通过推导，可得图 sy8.1 电路的谐振频率 f_0 为

$$f_0 = \frac{1}{2π} \sqrt{\frac{1}{LC} - \frac{R^2}{L^2}}$$

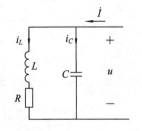

图 sy8.1　RL 和 C 并联的电路

若 $R \ll \sqrt{\dfrac{L}{C}}$，则有：$f_0 \approx \dfrac{1}{2π\sqrt{LC}}$。

并联谐振时总电流 I_0 最小（端电压 u_0 最大），$I_L \approx I_C \approx QI_0$，可见支路电流可远远大于端口电流。品质因数 Q 与电路的元件参数有关：

$$Q = \frac{\omega_0 L}{R} \approx \frac{1}{R}\sqrt{\frac{L}{C}}$$

在 RLC 并联电路中，若忽略电感线圈内阻 R，就成为 LC 并联电路，如图 sy8.2 所示，图中 R_1 可视为信号源内阻。当电路发生谐振时，电路支路 a、b 之间呈现高阻抗。如果网络端口由有效值一定的电流源激励，在 a、b 之间便获得最高电压。在非谐振频率时，a、b 之间为低阻抗，电压也低，因此 LC 并联电路有选频作用。

当信号发生器输出电压一定时，改变信号发生器的输出频率，可获得如图 sy8.3 所示的电压谐振曲线，谐振曲线的顶部即为谐振点 f_0。

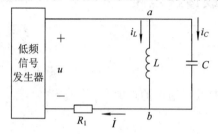

图 sy8.2 LC 并联电路

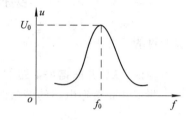

图 sy8.3 电压谐振曲线

2. 实验操作步骤

(1) 寻找 LC 并联电路的谐振点 f_0，验证并联谐振电路的特点。

按图 sy8.4 接线，$C=0.033\ \mu\text{F}$，$L=30\ \text{mH}$，$R_1=30\ \text{k}\Omega$，$r_1=r_2=1\ \Omega$。调节信号发生器输出电压保持为 5 V，改变信号发生器输出频率，用电子毫伏表测量电阻 R_1 上的端电压 U_{R1}，当此电压为最小时（即总电流 I_0 最小），电路近似达到谐振，将该最小电压值记入表 sy8.1 中，且信号发生器此时的频率就是谐振点 f_0，将此值也记入表 sy8.1 中。

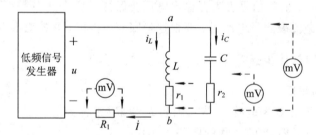

图 sy8.4 LC 并联谐振实验电路

调节时，参考理论计算值的谐振频率：

$$f_0 \approx \frac{1}{2\pi\sqrt{LC}} = \frac{1}{2 \times 3.14\sqrt{30 \times 10^{-3} \times 0.033 \times 10^{-6}}} = 5055\ (\text{Hz})$$

此时电路的总电流 $I_0 = \dfrac{U_{R1}}{R_1}$。再分别用电子毫伏表测量电阻 r_1、r_2 以及电路支路 ab 上的端电压，U_{r1}、U_{r2}、U_{ab0}，那么对应的支路电流 $I_L = \dfrac{U_{r1}}{r_1}$，$I_C = \dfrac{U_{r2}}{r_2}$，将测量数值、计算值和谐振频率 f_0 记入表 sy8.1 相应的右边空格中。

表 sy8.1　LC 并联谐振时电路的数据记录表

$R_1=30\ \mathrm{k\Omega};\ L=30\ \mathrm{mH};\ C=0.033\ \mu\mathrm{F};\ r_1=r_2=1\ \Omega$				实验寻找谐振 频率 f_0(Hz)	
测量谐振 时的值	U_{R1}		U_{r1}	U_{r2}	U_{ab0}
计算谐振 时的值	$I_0=\dfrac{U_{R1}}{R_1}$		$I_L=\dfrac{U_{r1}}{r_1}$	$I_C=\dfrac{U_{r2}}{r_2}$	$Q=\dfrac{I_L}{I_0}$ 或 $Q=\dfrac{I_C}{I_0}$

问题与思考：

① LC 并联电路为什么具有选频作用？

② LC 并联谐振时，LC 端电压的 U_{ab0} 是最大还是最小？

③ 比较端口电流 I_0 与支路电流 I_L（或 I_C）的大小。

（2）测定并联谐振电路的谐振曲线。

① 实验线路同图 sy8.4，通过上述实验，得到谐振频率 $f_0=$ _____ Hz。

调节信号发生器输出电压频率，从低频端 $f<f_0$，取五个频率点，填入表 sy8.2。例如上述实验测得 $f_0=5000$(Hz)，这五个测量频率点是：5000−1500＝3500(Hz)、5000−500＝4500(Hz)、5000−200＝4800(Hz)、5000−60＝4940(Hz)、5000−30＝4970(Hz)。逐点测量，调节到谐振频率 f_0。

表 sy8.2　并联谐振电路①的谐振曲线的测量数据

		$C=0.033\ \mu\mathrm{F}$, $L=30\ \mathrm{mH}$, $R_1=30\ \mathrm{k\Omega}$											
调节	f/Hz	f_0-1500 =	f_0-500 =	f_0-200 =	f_0-60 =	f_0-30 =	$f_0=$	f_0+30 =	f_0+60 =	f_0+200 =	f_0+500 =	f_0+1000 =	f_0+2000 =
测量	U_{ab}												
计算	$\dfrac{f}{f_0}$												
计算	$\dfrac{U_{ab}}{U_{ab0}}$												

经 f_0 再向高频端 $f>f_0$ 取六个频率点填入表 sy8.2。例如这六个测量频率点是：5000＋30＝5030(Hz)、5000＋60＝5060(Hz)、5000＋200＝5200(Hz)、5000＋500＝5500(Hz)、5000＋1000＝6000(Hz)、5000＋2000＝7000(Hz)。逐点测量，并保持低频信号发生器输出电压为 5 V，用电子毫伏表分别测量不同频率下 LC 并联电路的端电压 U_{ab}（注意 U_{ab0} 为谐振时 a、b 两端的电压），记入表 sy8.2 中（即在谐振点附近测几组数据）。

② 将图 sy8.4 中的电容改换为 $C_g=0.022\ \mu\mathrm{F}$，先找到谐振频率 $f_0=$ _____ Hz。

重复上述测量，将测量数据记入表 sy8.3 中。

表 sy8.3　并联谐振电路②的谐振曲线的测量数据

		$C=0.022\ \mu F,\ L=30\ mH,\ R_1=30\ k\Omega$										
调节	f/Hz	f_0-1500 =	f_0-500 =	f_0-200 =	f_0-60 =	f_0-30 =	$f_0=$	f_0+30 =	f_0+60 =	f_0+200 =	f_0+500 =	f_0+1000 =	f_0+2000 =
测量	U_{ab}												
计算	$\dfrac{f}{f_0}$												
计算	$\dfrac{U_{ab}}{U_{ab0}}$												

问题与思考：改变电容 C，对 LC 并联电路来说，其谐振频率 f_0 改变了吗？为什么？

五、实验报告要求与思考题

(1) 画出每个实验的电路连接图和表格，填写实验数据，并用坐标纸绘出谐振曲线（参考图 sy8.3），横坐标为频率 f，纵坐标为 LC 并联电路的端电压 U_{ab}。

(2) 回答下面问题：

① LC 并联电路为什么具有选频作用？LC 并联谐振时，LC 端电压的 U_{ab0} 是最大还是最小？比较端口电流 I_0 与支路电流 I_L（或 I_C）的大小。

② 改变电容 C，对 LC 并联电路来说，其谐振频率 f_0 改变了吗？为什么？

练习题 3

3-1　见图 3.55，写出其瞬时值的解析式。

3-2　已知一正弦电流 $i=10\ \sin\left(314t-\dfrac{\pi}{6}\right)(A)$，写出其振幅值、角频率、频率和周期以及初相。

3-3　已知一正弦电流的有效值为为 7.07 mA，频率为 100 Hz，初相为 $-\dfrac{\pi}{4}$，写出其瞬时值的解析式，并绘出波形图。

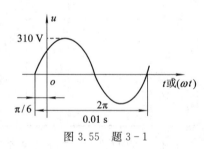

图 3.55　题 3-1

3-4　已知 $u_A=311\ \sin3140t(V)$，$u_B=211\ \sin\left(3140t-\dfrac{\pi}{3}\right)(V)$，指出各正弦量的振幅值、有效值、初相、角频率、频率和周期，以及 u_A 与 u_B 之间的相位差。

3-5　写出下列各正弦量所对应的相量：

(1) $u=100\sqrt{2}\ \sin(\omega t+25°)(V)$；(2) $i_1=10\sqrt{2}\ \sin(\omega t+90°)$ (A)；(3) $i_2=7.07\ \sin\omega t$ (mA)。

3-6　写出下列各相量所对应的正弦量：

(1) $\dot{U}=200\underline{/-60°}$(V)；　　　　　　　(2) $\dot{U}=220\underline{/120°}$(V)；

(3) $\dot{I}=\text{j}12$ (A)；　　　　　　　　　　(4) $\dot{I}=3-\text{j}6$ (A)。

3-7　将下列复数写成代数式：

(1) $8\underline{/90°}$；　　(2) $20\underline{/60°}$；　　(3) $6\underline{/-90°}$；　　(4) $220\underline{/-120°}$；　　(5) $12\underline{/75°}$。

3-8　将下列复数写成极坐标式：

(1) $4+\text{j}6$；　　(2) $-3+\text{j}4$；　　(3) $-7-\text{j}4$；　　(4) $20-\text{j}30$；　　(5) $16+\text{j}12$。

3-9　已知 $\dot{A}_1=8+\text{j}6$，$\dot{A}_2=6+\text{j}8$，求：

(1) $\dot{A}_1+\dot{A}_2$；　　(2) $\dot{A}_1-\dot{A}_2$；　　(3) $\dot{A}_1\cdot\dot{A}_2$；　　(4) $\dot{A}_1/\dot{A}_2$。

3-10　$\dot{A}_1=8\underline{/-60°}$，$\dot{A}_2=10\underline{/150°}$，求：

(1) $\dot{A}_1+\dot{A}_2$；　　(2) $\dot{A}_1-\dot{A}_2$；　　(3) $\dot{A}_1\cdot\dot{A}_2$；　　(4) $\dot{A}_1/\dot{A}_2$。

3-11　已知在 10 Ω 电阻上通过的电流 $i=5\sin\left(314t+\dfrac{\pi}{6}\right)$(A)，求电阻两端电压的有效值，并写出电压瞬时值解析式，及该电阻消耗的有功功率。

3-12　在接有 80 mH 电感的电路上，外施电压 $u=170\sin300t$ (V)，选定 u、i 为关联参考方向，求出电流的相量和电流的瞬时值解析式，以及电感的无功功率，并作出电流和电压的相量图。

3-13　电容为 20 μF 的电容器，接在电压 $u=600\sin314t$ (V) 的电源上，求出电流的相量和电流瞬时值解析式，并作出电流和电压的相量图。

3-14　有两个复阻抗 $Z_1=40+\text{j}20$ Ω，$Z_2=60+\text{j}80$ Ω 相串联，电源电压 $\dot{U}=100\underline{/30°}$(V)，计算：

(1) 总的复阻抗 Z；

(2) 电流相量 $\dot{I}$，电压相量 $\dot{U}_1$、$\dot{U}_2$，并作相量图；

(3) 电流瞬时表达式；

(4) 各电压有效值 U、U_1、U_2。

3-15　电路如图 3.56 所示，已知电阻 $R_1=300$ Ω，电感 $L=1.65$ H，电源为工频电电压 $U=220$ V，求电路总电流 $\dot{I}$ 及各部分电压 $\dot{U}_1$、$\dot{U}_2$。

3-16　电路如图 3.57 所示，电阻 $R=40$ Ω，电容 $C=25$ μF，该串联电路接到 $u=100\sqrt{2}\sin500t$ (V) 的电源上。

(1) 求电流 $\dot{I}$；

(2) 求电阻两端的电压 $\dot{U}_R$；

(3) 判断输出电压 $\dot{U}_R$ 比输入电压 $\dot{U}$ 超前还是滞后。

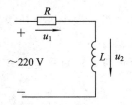　　　　　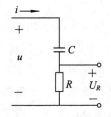

图 3.56　题 3-15 图　　　　　　　　　图 3.57　题 3-16 图

3-17 在 *RLC* 串联电路中，已知 $R=8\ \Omega$，$L=0.07\ H$，$C=122\ \mu F$，$\dot{U}=120\underline{/0^\circ}(V)$，$f=50\ Hz$，求电路中的电流 $\dot{I}$，电压 $\dot{U}_R$、$\dot{U}_L$、$\dot{U}_C$，并作相量图。

3-18 如图 3.58 所示，$\dot{U}=100\underline{/0^\circ}(V)$，$X_L=4\ \Omega$，$X_C=3.12\ \Omega$，求端口等效复阻抗、复导纳、电流 $\dot{I}$ 以及各支路电流，并作相量图。

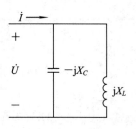

图 3.58 题 3-18 图

3-19 如图 3.59 所示，已知 $R=10\ \Omega$，$L=5\ mH$，$C=5\ \mu F$，$u=30\sqrt{2}\sin(2000t+30^\circ)\ V$，求 i、i_1、i_2。

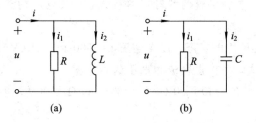

图 3.59 题 3-19 图

3-20 如图 3.60 所示，一个线圈电阻 $R=10\ \Omega$，电感 $L=30\ mH$ 和一个电容 $C=20\ \mu F$ 并联。已知 $\omega=1000\ rad/s$，通过电容支路的电流 $\dot{I}_2=2.5\underline{/0^\circ}(A)$，求电流 $\dot{I}$，$\dot{I}_1$ 和等效复导纳 Y，并画出相量图。

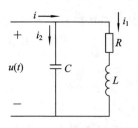

图 3.60 题 3-20 图

3-21 用峰值电压表测量正弦波、方波、三角波的电压，已知该电压表的读数均为 20 V，试分别计算正弦波、方波、三角波的电压真有效值。

3-22 用均值电压表测量正弦波、三角波、方波的电压，已知该电压表的读数均为 5 V，试分别计算正弦波、三角波、方波的电压真有效值。

3-23 已知 XD22 低频信号发生器面板上的表头指示电压为 5 V，试分别计算当"电平衰减"旋钮置于 20 dB、40 dB、60 dB 时，低频信号发生器实际输出电压为多少。

　　3-24　已知某理想变压器的副边电压有效值为 10 V，原边接工频电源，设工频电源为电压源，其内阻忽略不计，求变压器的变比 n。

　　3-25　某正弦信号源（电源）的内阻为 1575 Ω，而负载电阻 R_L 一般较小。为实现功率匹配，可在负载电阻与信号源之间接入一个理想变压器，实现阻抗变换，达到匹配的要求。若所接负载电阻 R_L 为 7 Ω，求接入的变压器的变比为多少？

　　3-26　在某收音机输入信号调谐电路中，电阻为 20 Ω、电感为 0.6 mH、电容为 150 pF 时发生串联谐振，求此调谐电路的谐振频率、品质因数。

　　3-27　如图 3.60 所示的并联谐振电路，外加电流源信号，调谐频率为 485 kHz，电路电容为 200 pF，电路品质因数 Q 为 100。试求电路中线圈的电感 L 及其电阻 R。

　　3-28　一个内阻为 10 Ω、电感为 100 mH 的电感线圈，谐振角频率 $\omega_0 = 10\ 000$ rad/s。

　　(1) 与电容串联形成串联谐振电路，如果接上的信号源内阻为 100 kΩ，电路的品质因数为多少？

　　(2) 如果与电容并联形成并联谐振电路，再并联接上的信号源内阻为 100 kΩ，则电路的品质因数为多少？

第4章

线性电路的暂态分析

本章主要介绍过渡过程、换路定律和初始值等基本概念，以及一阶电路过渡过程的时域分析，即一阶电路的全响应的三要素分析方法。

实操重点是学习示波器的使用。

4.1　过渡过程的基本概念

4.1.1　稳态与暂态

在前面介绍的直流电路中，电压和电流都是恒定的，不随时间变化而变化。在正弦稳态电路中，电压和电流都按照确定的正弦规律变化。具有此类特性的状态称为电路的稳定状态，简称稳态。

[情境 11]　电容的放电过程

图 4.1(a)所示为一个带开关和电容的电路，原先开关合在"1"位置时，电路处于稳定状态。由于电容对直流是开路的，这个回路没有电流，电容的电压等于电源电压 $U_C = U_s$，如图 4.1(b)所示。时间 0 以前称之为原稳态。现将开关由"1"合到"2"，见图 4.1(a)，虽然切除了电源，但电容的电压不会立刻为零，存在向一个回路放电的过程，如图 4.1(b)所示 $0a$ 时间段，称之为过渡过程，也叫暂态。经过足够长时间如 $0a$ 时间后，电容放电完毕，$U_C = 0$，电路又进入另一个新稳态，即图 4.1(b)中 a 以后的时间段。

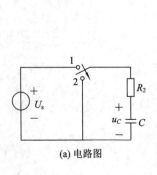

(a) 电路图

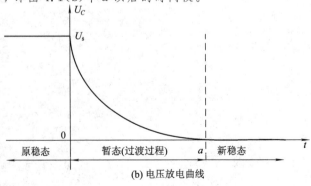

(b) 电压放电曲线

图 4.1　电容的放电过程

　　对于含有储能元件的电路，当电路状态发生变化时，会使电路从一个稳态开始变化，经过一定的时间后才又进入新的稳态。原稳态到新稳态的中间过程，就是电路的过渡过程，也称为暂态过程或动态过程。

4.1.2　电路产生过渡过程的条件

［情境 12］　比较电阻电路与含电容电路在换路时的情况

　　图 4.2 所示为电阻电路。电阻是耗能元件，由欧姆定律可知，其上的电压随电流成比例变化。开关合上前，回路没有电流，$U_R = RI = 0$。开关合上瞬间，$U_R = RI = U_s$，以后保持该值，不存在过渡过程（可用白炽灯替代 R，观察此现象）。

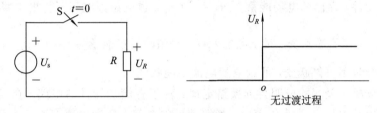

图 4.2　电阻电路换路无过渡过程

　　图 4.3 是串入了电容的电路。在开关合上前，电容电压为旧稳态 $U_C = 0$；开关合上后，电容开始充电，电容电压由 0 向 U_s 过渡，直到新稳态 $U_C = U_s$，以后保持该值。

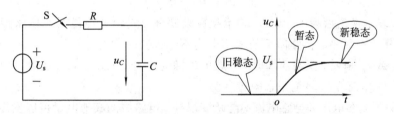

图 4.3　加电容电路具有过渡过程

　　由上述情境可知，电路具有过渡过程必须同时具备两个条件：电路含有动态元件且发生换路。

　　（1）动态元件——储能元件如电容元件和电感元件的伏安关系都涉及对电流、电压的微分或积分，我们称这种元件为动态元件。

　　电容器、电感器属于动态元件；有时，当信号变化很快时，一些其它实际器件，如电阻器和晶体管等也需要考虑到磁场变化及电场变化的现象，在其模型中可增添电感、电容等动态元件。

　　（2）换路——电路条件或电路参数突然变更，称为换路，如开关的接通与断开，电源电压的突然增大或减小，电路中某一支路的突然断开、接入或短路，电阻值的突然变化等。

　　如果我们把电路中含有储能元件（或称动态元件）这一状态叫做内因，电路发生换路叫做外因，那么，电路产生过渡过程必须同时具备两个条件：内因和外因。即在含有储能元件（或称动态元件）的电路中，当电路发生换路时，引起电路产生过渡过程。也就是说，电路中含有储能元件和电路发生换路现象是电路产生过渡过程的两个必要条件，缺一不可。只有外因还不一定能引起电路的过渡过程，如图 4.2 所示的含纯电阻与电源的电路中，换路并不能引起过渡过程。

4.2 换路定律和变量初始值计算

4.2.1 换路定律

根据在第 1 章里叙述的电容、电感的伏安特性可知电容电压和电感电流具有连续性质和记忆性质。当电路不能提供无穷大能量时，无论是电感还是电容，所存储能量的改变都需要时间，即能量的变化是渐变的而不是跃变的。

对于电容元件，存储的电场能量为 $w_C = \frac{1}{2}Cu_C^2$，也就是说电容元件的电场能量不可能跃变，所以电容电压不能跃变。对于电感元件，存储的磁场能量为 $w_L = \frac{1}{2}Li_L^2$，也就是说电感元件的磁场能量不可能跃变，所以电感电流不能跃变。

根据以上分析以及实验证明得到换路定律：对于有储能元件的电路，在换路瞬间，当电容电流 i_C 和电感电压 u_L 为有限值时，换路前后的电容电压和电感电流不能跃变。设换路时刻为 $t=0$，该定律表示为

$$\left. \begin{array}{c} u_C(0_+) = u_C(0_-) \\ i_L(0_+) = i_L(0_-) \end{array} \right\} \tag{4-1}$$

其中：$t=0_+$ 表示换路后瞬间，$t=0_-$ 表示换路前瞬间。式（4-1）说明在换路瞬间，换路前后的电容电压不会跳变，换路前后的电感电流不会跳变。

对于 u_C 或 i_L 来说，换路前瞬时 $t=0_-$ 的值即为 $u_C(0_-)$ 或 $i_L(0_-)$ 是前一稳态的值。换路后瞬间 $u_C(0_+)$ 或 $i_L(0_+)$ 是暂态的初始值。

注意，除了电容电压和电感电流不能跃变以外，电路中的其他电量可以发生跃变，如电容电流可以跃变（如图 4.9(b) 所示），电感电压也可以跃变，电阻的电流和电压都可以跃变。

4.2.2 初始值计算

如果设换路时刻为 $t=0$，那么在过渡过程中电路变量的初始值是指在换路后瞬间 $t=0_+$ 时刻的电路变量值，如 $U(0_+)$、$I(0_+)$ 等。在对电路的过渡过程进行时域分析时要用到初始值，因此确定电路换路时的初始值是进行暂态分析的一个重要环节。

初始值的计算步骤：

(1) 画出换路前（$t=0_-$）的稳态等效电路，求出电路前一稳态的 $u_C(0_-)$ 或 $i_L(0_-)$；根据换路定律得到换路后的初始值 $u_C(0_+)$ 或 $i_L(0_+)$。

(2) 画出换路后 $t=0_+$ 时刻的瞬间等效电路，用电压为 $u_C(0_+)$ 的电压源或电流为 $i_L(0_+)$ 的电流源取代原电路中的 C 或 L，借助 KCL、KVL 和欧姆定律及戴维南定理，求出电路的其他相关变量的初始值。

例 4.1 如图 4.4(a) 所示，直流电源的电压 $U_s = 100$ V，$R_2 = 100$ Ω，开关 S 原先合在 1 位置时电路是稳定的，求开关由 1 位置合到 2 位置的瞬间，电路中电容 C 上的电压和电流的初始值。

解　电流和电压的参考方向如图 4.4(a)所示。由于电容在直流稳定状态下相当于开路，回路没有电流，即 $i_C(0_-)=0$，两电阻无分压，所以换路前的电容电压为

$$u_C(0_-) = U_s = 100 \text{ V}$$

当 S 合到位置 2 时换路，根据换路定律有

$$u_C(0_+) = u_C(0_-) = 100 \text{ (V)}$$

在换路后 $t=0_+$ 时刻的瞬间，如图 4.2(b)所示，根据 KVL 有

$$u_{R2}(0_+) = -u_C(0_+) = -100 \text{ (V)}$$

$$i_C(0_+) = i_{R2}(0_+) = \frac{u_{R2}(0_+)}{R_2} = \frac{-100}{100} = -1 \text{ (A)}$$

显然，换路瞬间，电容的电压不能跳变，但电容的电流 i_C 从 0 突变到 -1 A，是可以跳变的。

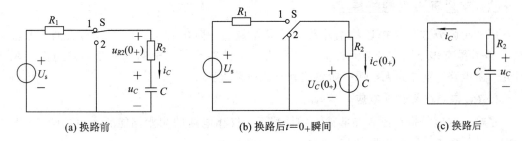

(a) 换路前　　　　　　　　　(b) 换路后 $t=0_+$ 瞬间　　　　　　　　(c) 换路后

图 4.4　例 4.1 图

例 4.2　如图 4.5(a)所示电路，已知：$U_s=9$ V，$R_1=3$ Ω，$R_2=6$ Ω，$L=1$ H。在 $t=0$ 时换路，即开关由 1 位置合到 2 位置。设换路前电路已经稳定，求换路后的初始值 $i_L(0_+)$ 和 $u_L(0_+)$。

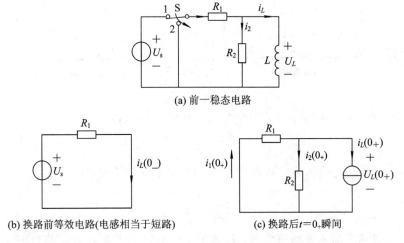

(a) 前一稳态电路

(b) 换路前等效电路(电感相当于短路)　　　　　　(c) 换路后 $t=0_+$ 瞬间

图 4.5　例 4.2 图

解　(1) 作 $t=0_-$ 时的等效电路如图 4.5(b)所示，参考方向如图中所示。由于电感在直流稳定状态下相当于短路，即 $U_L(0_-)=0$，所以换路前的电感电流为

$$i_L(0_-) = \frac{U_s}{R_1} = \frac{9}{3} = 3 \text{ (A)}$$

根据换路定律得

$$i_L(0_+) = i_L(0_-) = 3 \text{ (A)}$$

(2) 作 $t=0_+$ 瞬间的等效电路如图 4.5(c)所示，由此可得

$$i_1(0_+) = \frac{R_2}{R_1 + R_2} i_L(0_+) = \frac{6}{3+6} \times 3 = 2 \ (A)$$

$$i_2(0_+) = i_1(0_+) - i_L(0_+) = 2 - 3 = -1 \ (A)$$

$$u_L(0_+) = R_2 i_2(0_+) = 6 \times (-1) = -6 \ (V)$$

显然，换路瞬间，电感的电流不能跳变，但电感的电压 U_L 从 0 突变到 -6 V，是可以跳变的。

4.3　一阶动态电路的响应

4.3.1　一阶动态电路概述

用一阶微分方程来描述的电路称为一阶电路。一阶电路只含一个储能元件（动态元件），或者虽有多个同类储能元件但可等效为一个储能元件的电路均属于一阶电路。本节研究一阶电路，重点为无电源一阶电路和直流一阶电路。

1. RC 电路的零输入响应

零输入响应是指在没有外部输入的情况下，仅靠电路的初始储能所产生的响应（比如储能元件的放电）。RC 电路的初始储能为电场能量。

如图 4.6(a)所示，$u_C(0_+) = u_C(0_-) = U_s$。

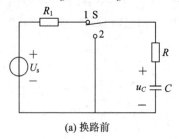 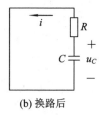

(a) 换路前　　　　　　　　　　　　　　(b) 换路后

图 4.6　RC 电路零输入响应

换路后如图 4.6(b)所示，没有外部输入，根据 KVL 有

$$Ri - u_C = 0$$

对电容而言，电压与电流为非关联参考方向，所以将 $i = -C \dfrac{du_C}{dt}$ 代入得

$$RC \frac{du_C}{dt} + u_C = 0$$

该式为一阶线性常系数齐次微分方程，描述了 RC 电路的零输入响应的暂态特性。求解该微分方程得到电容电压随时间的变化规律：

$$u_C(t) = U_s e^{-\frac{t}{RC}} = U_0 e^{-\frac{t}{\tau}} \tag{4-2}$$

其中 U_0 为 u_C 的初始值，在此 $U_0 = U_s$。一阶 RC 电路的时间常数为

$$\tau = RC \tag{4-3}$$

τ 指"换路后"的电路时间常数，当电阻和电容的单位分别取欧姆和法拉时，时间常数的单位为秒。此时电容的放电电流为

$$i_C(t) = -C\frac{\mathrm{d}u_C(t)}{\mathrm{d}t} = -C(U_0\mathrm{e}^{-\frac{t}{\tau}})' = \frac{U_0}{R}\mathrm{e}^{-\frac{t}{\tau}} \tag{4-4}$$

电容电压和电流随时间变化的曲线以及时间常数对零输入响应快慢的影响如图 4.7 所示。显然，τ 愈大，过渡过程愈长；反之，τ 愈小，过渡过程愈短。

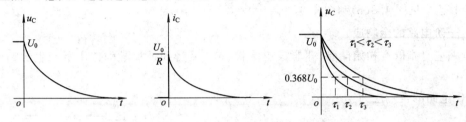

图 4.7　RC 电路零输入响应曲线

注意，如图 4.7 所示，在换路前的第一个稳态，$u_C(0_-)=U_0=U_s$，$i_C(0_-)=0$。在换路瞬间，电容电压没有跃变，$u_C(0_+)=U_s$，但电容电流从 0 跃变到 $\frac{U_0}{R}$，即 $i_C(0_+)=\frac{U_0}{R}$。在过渡过程中，电容电压和电流均随时间按指数函数曲线下降。最后，电路进入第二个稳态，见图 4.6(b) 和图 4.7，$u_C(\infty)=0$，$i_C(\infty)=0$。

2. RC 电路的零状态响应

零状态响应是指在无初始储能的情况下，即 $u_C(0_+)=0$ 或 $i_L(0_+)=0$ 时，仅依靠外部输入所产生的响应（比如充电）。如图 4.8(a) 所示，电容 C 无初始储能，即

$$u_C(0_+) - u_C(0_-) - 0$$

可推导出电容电压过渡过程为

$$u_C(t) = U_s(1 - \mathrm{e}^{-\frac{t}{RC}}) \tag{4-5}$$

充电电流为

$$i_C(t) = C\frac{\mathrm{d}u_C(t)}{\mathrm{d}t} = \frac{U_s}{R}\mathrm{e}^{-\frac{t}{RC}} \tag{4-6}$$

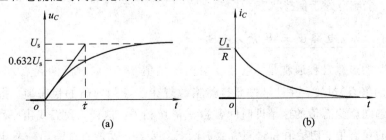

(a)　　　　　　　　(b)

图 4.8　RC 电路零状态响应

电容电压和电流随时间变化的曲线如图 4.9 所示。

图 4.9　RC 电路零状态响应曲线

显然,在换路前的第一个稳态,$u_C(0_-) = 0$,$i_C(0_-) = 0$。在换路瞬间,电容电压没有跃变,仍为零,即 $u_C(0_+) = 0$,但电容电流从 0 跃变到 $\dfrac{U_s}{R}$,即 $i_C(0_+) = \dfrac{U_s}{R}$。在过渡过程中,电容电压随时间按指数函数曲线上升,电容电流随时间按指数函数曲线下降。最后,进入第二个稳态,见图 4.8(b) 和图 4.9,$u_C(\infty) = U_s$,$i_C(\infty) = 0$。

3. 一阶电路的全响应

全响应是指既有初始储能(即非零初始状态),又受到外加激励作用所产生的响应(见图 4.10)。

RC 电路的全响应为

$$u_C(t) = U_0 e^{-\frac{t}{RC}} + U_s(1 - e^{-\frac{t}{RC}}) \qquad (4-7)$$

或

$$u_C(t) = U_s + (U_0 - U_s) e^{-\frac{t}{RC}}$$

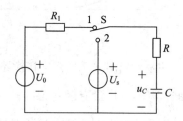

图 4.10 RC 电路全响应

RC 电路全响应公式中,U_0 为电容零输入响应的初始值 $u_C(0_+)$,U_s 为电容响应后的稳态值 $u_C(\infty)$。零输入响应和零状态响应两者叠加成为全响应。反过来看,零输入响应和零状态响应是全响应的特例。

全响应的分解:

$$全响应 = 零输入响应 + 零状态响应$$

或

$$全响应 = 稳态分量 + 暂态分量$$

全响应的结果有三种情况,详见图 4.11。在这三种情况下,u_C 随时间变化的曲线如图 4.11 所示。

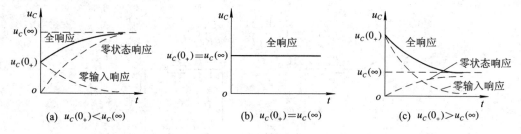

图 4.11 RC 电路全响应的三种情况

从图 4.11(以 RC 电路为例)可知,当电容电压的初始值小于其新稳态值即 $u_C(0_+) < u_C(\infty)$ 时,全响应处于充电状态;当 $u_C(0_+) > u_C(\infty)$ 时,全响应处于放电状态;当 $u_C(0_+) = u_C(\infty)$ 时,全响应处于保持状态。

4.3.2 一阶动态电路的三要素分析法

一阶电路的过渡过程通常是:电路变量由初始值 $f(0_+)$(过渡的起点)向新的稳态值 $f(\infty)$(过渡的终点)过渡,并且是按照自然指数规律逐渐趋向新的稳态值。指数曲线弯曲程度与反映趋向新稳态值的速率即时间常数 τ 密切相关。这样,我们找出一种方法,只要知道换路后的稳态值、初始值和时间常数 τ 这三个要素,就能直接写出一阶电路过渡过程的解，这就是一阶电路的直流输入情况下的三要素法。

设：$f(0_+)$ 表示电压或电流的初始值；$f(\infty)$ 表示电压或电流新的稳态值；τ 表示换路后的电路的时间常数；$f(t)$ 表示电路中待求的过渡过程的电压或电流的函数。

对于一阶 RL 电路，其时间常数为

$$\tau = \frac{L}{R}$$

对于一阶 RC 电路，其时间常数为

$$\tau = RC$$

在直流激励下，一阶电路的全响应的三要素法通式为

$$f(t) = f(\infty) + [f(0_+) - f(\infty)]e^{-\frac{t}{\tau}} \tag{4-8}$$

根据换路定律，对于 RC 电路，通常我们先求电容电压：

$$u_C(t) = u_C(\infty) + [u_C(0_+) - u_C(\infty)]e^{-\frac{t}{\tau}} \tag{4-9}$$

由电容伏安特性，关联方向时电容电流为

$$i_C(t) = C\frac{\mathrm{d}u_C(t)}{\mathrm{d}t} = C[u_C(t)]'$$

非关联方向时电容电压为

$$i_C(t) = -C\frac{\mathrm{d}u_C(t)}{\mathrm{d}t} = -C[u_C(t)]'$$

对于 RL 电路，通常我们先求电感电流：

$$i_L(t) = i_L(\infty) + [i_L(0_+) - i_L(\infty)]e^{-\frac{t}{\tau}} \tag{4-10}$$

由电感伏安特性，关联方向时电感电压为

$$u_L(t) = L\frac{\mathrm{d}i_L(t)}{\mathrm{d}t} = L[i_L(t)]'$$

非关联方向时电感电压为

$$u_L(t) = -L\frac{\mathrm{d}i_L(t)}{\mathrm{d}t} = -L[i_L(t)]'$$

初始值的计算已在前面介绍过。时间常数 τ 在同一电路中只有一个值，$\tau = RC$ 或 $\tau = L/R$。其中 R 应理解为：在换路后的电路中，从储能元件（C 或 L）两端看进去的入端电阻，即戴维南等效入端电阻。

例 4.3　如图 4.12 所示稳定电路中，已知 $U_s = 12$ V，$R_1 = 1$ kΩ，$R_2 = 2$ kΩ，$C = 10$ μF。用三要素法求开关 S 合上后的过渡过程的 u_C、i_C。

解　① 求初始值：因换路前电容没有储能，所以

$$u_C(0_+) = u_C(0_-) = 0$$

② 求稳态值：开关闭合后经过若干时间，电路处于新稳态时，电容相当于开路，所以

$$u_C(\infty) = u_{R2} = \frac{R_2}{R_1 + R_2}U_s = \frac{2}{1+2} \times 12 = 8 \text{ (V)}$$

③ 求 τ：从电容两端看过去，求戴维南等效电阻时，将电压源短路处理，则 R_1 与 R_2 并联，所以

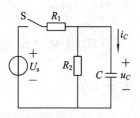

图 4.12　例 4.3 图

$$\tau = \frac{R_1 R_2}{R_1 + R_2} C = \frac{1 \times 2 \times 10^6}{(1+2) \times 10^3} \times 10 \times 10^{-6} = 6.67 \times 10^{-3} \text{(s)}$$

④ 求 u_C、i_C：将上述数据代入式(4-9)得

$$u_C = 8 - 8\mathrm{e}^{-\frac{t}{6.67 \times 10^{-3}}} = 8(1 - \mathrm{e}^{-150t}) \text{ (V)}$$

因电容电压与其电流为关联参考方向，则有 $i_C = C\dfrac{\mathrm{d}u_C}{\mathrm{d}t}$，根据此式对电容电压求导得

$$i_C = C \cdot u_C' = C[8(1 - \mathrm{e}^{-150t})]' = 12\mathrm{e}^{-150t} \text{(mA)}$$

例 4.4　如图 4.13 所示电路中，$t=0$ 时开关 S 由 1 投向 2。设换路前电路已处于稳态，求换路后暂态的 u_C。

解　初始值

$$u_C(0_+) = u_C(0_-) = -U_s$$

换路后的稳态值

$$u_C(\infty) = U_s$$

换路后的时间常数为

$$\tau = RC$$

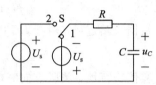

图 4.13　例 4.4 图

根据式(4-7)得

$$u_C = u_C(\infty) + [u_C(0_+) - u_C(\infty)]\mathrm{e}^{-\frac{t}{\tau}} = U_s + (-U_s - U_s)\mathrm{e}^{-\frac{t}{\tau}} = U_s - 2U_s\mathrm{e}^{-\frac{t}{\tau}}$$

例 4.5　如图 4.14 所示电路已处于稳态，$t=0$ 时开关 S 闭合。求换路后暂态的电流 i_L、暂态电压 u_L。

解　原稳态时电感相当于短路，初始值：

$$i_L(0_+) = i_L(0_-) = \frac{60}{10+20} = 2 \text{ (A)}$$

换路后 i_L 的新稳态值：

$$i_L(\infty) = 0$$

换路后的时间常数为

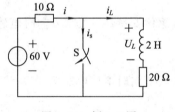

图 4.14　例 4.5 图

$$\tau = \frac{L}{R} = \frac{2}{20} = 0.1 \text{ (s)}$$

$$i_L = i_L(\infty) + [i_L(0_+) - i_L(\infty)]\mathrm{e}^{-\frac{t}{\tau}} = 2\mathrm{e}^{-10t} \text{(A)}$$

因电感的电压和电流是关联方向，所以

$$u_L(t) = L(i_L)' = 2(2\mathrm{e}^{-10t})' = -40\mathrm{e}^{-10t} \text{ (V)}$$

实操 9　示波器的使用与一阶 RC 电路的充放电过程

一、实操目的

（1）掌握示波器的使用方法。

（2）加深理解 RC 电路充放电过程中电容电压的变化规律，强化过渡过程中充放电的快慢（即时间常数 τ）与 R 或 C 之间的关系。

二、实验设备

（1）双踪示波器 1 台。

（2）低频信号发生器 1 台（或函数信号发生器 1 台）。

（3）电阻器（10 kΩ，20 kΩ，50 kΩ）（或电阻箱 1 台）。

（4）电容器（0.01 μF，0.05 μF，均 50 V）。

三、使用注意事项

（1）使用前详细检查旋钮、开关、电源线和传输线有无损坏。

（2）仪器通电后需预热几分钟再调整各旋钮。必须注意亮度不可开得过大，且亮点不可长时间停留在一个位置上，以免缩短示波管的寿命。仪器暂时不用时可将亮度关小，不必切断电源。

（3）输入信号的幅度不得超过最大允许输入电压 $U_{p\text{-}p}$ 值。一般在面板上垂直输入端附近标有电压值，该电压值是指可允许输入的直流加交流峰值。

（4）通常信号引入线都需使用屏蔽电缆。示波器的探头有的带有衰减器，读数时需加以注意。使用探头后示波器输入电路的阻抗可相应提高，有利于减小对被测电路的影响。各种型号示波器的探头要专用。

（5）每次做 RC 充电实验前，都要用导线短接电容器的两极，以保证其初始电压为零。

四、熟悉实验仪器

1. 熟悉示波器的旋钮开关用途和使用方法

下面主要介绍示波器面板结构的主要开关、旋钮或按钮，双踪示波器外形如图 sy9.1 所示。

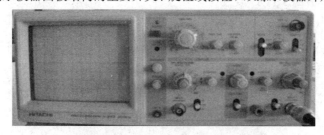

图 sy9.1　双踪示波器

以下旋钮和开关一经调试好，通常不频繁使用：

· power 电源开关

· intensity 亮度调整

· focus 聚焦调整

· H. position ←→ 水平位置移动

· V. position ↑↓ 垂直位置移动

上述开关、旋钮或按钮要根据信号显示情况作相应调节。

示波器通常显示的是信号波形，即信号波形的电压影响示波器显示屏的 Y 轴（垂直向）；X 轴（水平向）是时间，通常采用锯齿波来模拟时间。屏幕上通常画有纵、横各 10 格（DIV）细线。

示波器面板上各主要开关、旋钮如下：

(1) VOLTS/DIV 旋钮及其细调旋钮（见图 sy9.2）。该旋钮是波形垂直方向的调节旋钮，也叫垂直灵敏度选择开关、Y 轴偏转因数调节旋钮，通过调节垂直灵敏度可改变显示波形垂直方向的高度。比如若将 VOLTS/DIV 旋钮指向 50 mV/DIV，表示纵向每纵格 (DIV)电压是 50 mV；又如将 VOLTS/DIV 旋钮指向 10 mV/DIV，表示纵向每格电压是 10 mV，此时在屏幕上显示出的波形高度是 50 mV/DIV 时的 5 倍。垂直灵敏度选择开关的内圈是微调扩展控制旋钮，可用于小范围改变灵敏度，将其逆时针旋转到底或拉出时，可扩大调节范围。在测量电压时，要将此内圈旋钮顺时针旋到底，使其处于"标准"位置。

(2) TIME/DIV 旋钮及其细调（见图 sy9.3）。TIME/DIV 是波形水平宽度的调节旋钮，用来调节每横格(DIV)的时间，也叫做扫描时间因数调节旋钮。如将 TIME/DIV 旋钮指向 0.1 ms/DIV，表示横向每格时间是 0.1 ms；又如 TIME/DIV 旋钮指向 0.2 ms/DIV，表示横向每格时间是 0.2 ms，则此时显示出的波形宽度为 0.1 ms/DIV 时的 1/2。位于 TIME/DIV 开关右侧的 SWP VAR 为扫描时基微调控制开关，（当此开关不在校正位置时）可连续调节扫描时间因数。当此开关按箭头方向顺时针旋钮到底时为校正状态，此时可由 TIME/DIV 准确读出扫描时间。

图 sy9.2 VOLTS/DIV 旋钮

图 sy9.3 TIME/DIV 旋钮

(3) TRIG LEVEL 同步电平调整（见图 sy9.4）。通过调节该旋钮，可调节示波器内同步电路中的触发电平，与 SWPVAR(扫描时基)旋钮联合调节可让模拟时间的锯齿波频率与信号频率成整数倍(也叫同步)，使跳动紊乱的显示波形清晰稳定下来。

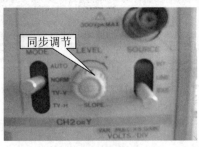
图 sy9.4 同步调节

(4) 触发源(SOURCE)一般选择"内触发"(INT)，触发方式(MOOE)一般选择"自动" (AUTO)。另外还有 INT TRIG 选择开关，特殊使用时，三者如何组合，详看示波器使用说明书。

(5) 交流-直流-接地(AC-DC-GND)切换开关。在观测的初期或确定波形位置前，可将该开关置于"GND"(接地)位置，显示屏将出现一条亮线，将其位置、亮度和聚焦(亮线的粗细)调好;当观测交流信号的波形时,将该开关置于"AC"位置;当观测直流信号的波形或观测交流信号的波形同时检测其中的直流分量时,将该开关置于"DC"位置。

(6)对于双踪示波器还有使用通道及显示方式选择旋钮,见图 sy9.5。其中,CH1 表示显示通道 1 信号;CH2 表示显示通道 2 信号;ALT 为交替显示,即屏幕上可同时看到两个通道的信号;X-Y 显示即一个信号电压影响显示屏的垂直向 Y 轴,另一个信号电压影响显示屏的水平向 X 轴;CHOP 用于设置"虚线"显示方式;ADD 表示两信号叠加显示。

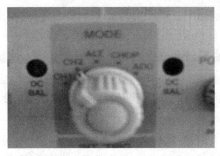

图 sy9.5　使用通道及显示方式选择旋钮

示波器输入连接线在测量时为了降低外界噪声干扰,使用高阻抗探头比较好,但使用探头所测量的信号幅度会衰减为原来幅度的 1/10。

2. 熟悉信号源的使用

详见实操 6。

五、实验内容和实验操作步骤

1. 使用示波器观察并测量信号源的每一个正弦信号波形

先调节低频信号发生器,将低频信号发生器的输出电压有效值 U_o 和频率 f 分别逐项按照表 sy9.1 每行的每个波形要求调节。

表 sy9.1　示波器测量信号的电压和周期记录表

信号源	调节信号发生器		用示波器测量					
	输出电压峰峰值 U_{p-p}	输出频率 f	测量电压峰-峰值 U_{p-p}			测 量 周 期		
			Y 轴偏转因数(V/div)	纵向格数 div	电压 U_{p-p}	扫描时间因数 (s/div、ms/div、μs/div)	横向格数 div	周期 T
波形 1	4.5 V	200 Hz						
波形 2	600 mV	1 kHz						
波形 3	100 mV	50 kHz						
波形 4	50 mV	300 kHz						

下面再调节示波器。

(1)准备阶段:首先选择通道,如 CH1,触发源(SOURCE)一般选择"内触发"(INT),触发方式选择(MOOE)一般选择"自动"(AUTO)。"AC-GND-DC"开关置于"GND"(接地)位置，"时基/格"调在"0.5 ms/格"，调节"⬍Y轴移动"和"◀▶X轴移动"旋钮，在屏上得到一条位置适中的亮线，调节"亮度"和"聚焦"，使亮线粗细亮度合适。在测量信号的电压或时间（周期）前应对示波器进行增益校准和扫描时间校准：将Y轴偏转因数置于1V/div，将CH1的灵敏度旋钮VARIABLE和扫描速度微调旋钮TIME VARIABLE均顺时针旋至最大，再将信号接到示波器的CH1（或CH2）输入端子，MODE开关置CH1（或CH2）位置，选择"AC"耦合。

（2）调节测量阶段：

① 测量电压和时间的过程中，应使电压（或扫描）微调控制按钮始终处于"校准"（或标准）位置上。

② 调节示波器的"Y轴偏转因数"旋钮VOLTS/DIV，使屏幕上出现高度合适的正弦波。

③ 调节"扫描时间因数"旋钮TIME/DIV至适当的位置，使屏幕上出现宽度合适的正弦波。

④ 调节"LEVEL"触发电平旋钮和"SWPVAR"，使波形稳定下来。

⑤ 最后将"Y轴偏转因数"旋钮和"扫描时间因数"旋钮所在的位置记录在表sy9.1里，并分别数纵向格数和一个周期的横向格数，计算示波器测量信号波形的电压峰-峰值U_{p-p}和周期，填入表sy9.1中。

例如，显示波形如图sy9.6所示，可见峰-峰值高度为6 div，如果Y轴偏转因数为0.5 V/div，则电压峰-峰值$U_{p-p}=6\times0.5=3$（V）。波形一个周期占横格2 div，如果扫描时间因数为0.1 ms/div，则信号周期$T=2\times0.1=0.2$（ms）。

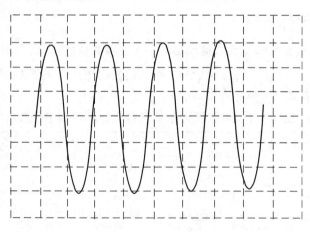

图sy9.6 信号波形

如果Y轴输入端探头使用了"×10"衰减，显示波形仍如图sy9.6所示，则$U_{p-p}=3\times10=30$（V）。

总结：

$$电压峰峰值U_{p-p}=纵向格数\times Y轴偏转因数\times探头衰减倍率$$
$$信号周期T=每周期横向格数\times扫描时间因数$$

*2. 观测RC电路充放电时电容电压的变化波形

在图sy9.7中，将周期性的方波电压加于RC电路，见图sy9.8(a)，将Y轴零点设定在方波的底部。当方波电压的U_{p-p}上升为U时，相当于一个直流电源U对电容C充电；当信号电压下降为零时，相当于电容 C 又对电阻 R 放电。这等同于一个开关在周期性地控制 $T/2$ 时间合闸即加电压 U（充电），$T/2$ 时间断开即电压为零（放电）。图 sy9.8(a) 和 (b) 为方波电压与电容两端电压波形图（此图将 Y 轴零点设置在波形的底部）。图 (c) 为电流的波形图，它与电阻电压 U_R 的波形相似。

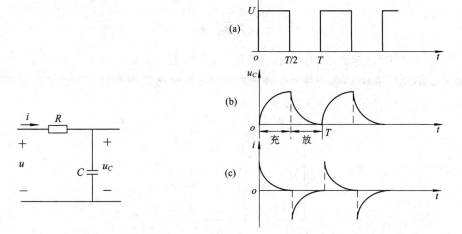

图 sy9.7　RC 充放电电路　　　　　　图 sy9.8　RC 充放电电路中的电流和电容电压波形

（1）实验线路如图 sy9.9 所示，首先取 R 为 5 kΩ，C 为 0.01 μF。

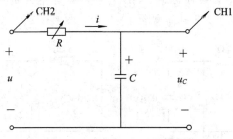

图 sy9.9　RC 充放电电路实验线路

电源 u 采用信号发生器输出的频率为 1000 Hz、电压峰-峰值为 4 V 的方波电压，用示波器观看电压波形，方波电压 u 接入 CH2 通道。

电容电压 u_C 接入示波器的 CH1 通道。调整示波器各旋钮，观察 u 与 u_C 的波形。其原理详见上述内容。用示波器观察电容电压波形充放电的快慢。

（2）改变电阻箱的电阻，观察 u_C 的波形变化。

见图 sy9.9，电路中改变 R 为 10 kΩ，输入电压 u 仍采用信号发生器输出的频率为 1000 Hz、电压峰-峰值为 4 V 的方波电压信号，电容取值为 0.01 μF。

问题与思考：

为什么改变电阻箱的电阻，u_C 的波形会发生变化？u_C 的波形随着电阻 R 的增大或减小将发生怎样的变化？

（3）改变电容的容值，观察 u_C 的波形变化。

见图 sy9.9，C 改变为 0.05 μF，输入电压 u 仍采用信号发生器输出的频率为 1000 Hz、电压峰-峰值为 4 V 的方波电压信号，电路中取 R 为 10 kΩ，用示波器观察电容电压波形充放电的快慢。

问题与思考：

为什么改变电容的值，u_C 的波形会发生变化？u_C 的波形随着电容 C 的增大将发生怎样的变化？

—·—

练习题 4

4 - 1 如图 4.15 所示电路，$U_s=10$ V，$R_1=2$ kΩ，$R_2=3$ kΩ，$C=4$ μF，求：(1) 开关 S 打开瞬间 $u_C(0_+)$、$i_C(0_+)$ 各为多少。(2) 开关打开后经过足够长时间，电容的电压和电流的稳态值 $u_C(\infty)$、$i_C(\infty)$ 各为多少。

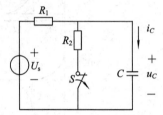

图 4.15 题 4 - 1 图

4 - 2 如图 4.16 所示，在前一稳态(a)图中开关是合上的，(b)图中开关是断开的，求开关在 $t=0$ 时刻(a)图电路开关断开时、(b)电路开关合上时的电容电压初始值 $u_C(0_+)$，电容电压新的稳态值 $u_C(\infty)$ 以及时间常数 τ。

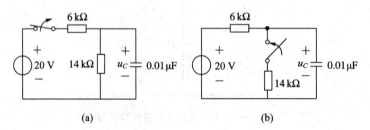

(a)　　　　　　　(b)

图 4.16 题 4 - 2 图

4 - 3 如图 4.17 所示电路，$U_s=1$ V，$R_1=4$ Ω，$R_2=6$ Ω，$L=5$ mH，求开关 S 打开后 $u_L(0_+)$、$i_L(0_+)$ 各为多少。

4 - 4 如图 4.18 所示电路，开关未动前，电路已处于稳定状态。在 $t=0$ 时，把开关由触点 1 合至触点 2，电容便向 R_2 放电。已知 $U_s=100$ V，$R_1=20$ Ω，$R_2=400$ Ω，$C=0.1$ μF，求 $u_C(0_+)$、$u_C(\infty)$、τ，并给出电压 u_C 的过渡过程。

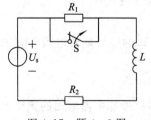

图 4.17 题 4 - 3 图

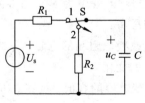

图 4.18 题 4 - 4 图

4－5　如图 4.19 所示电路，开关未动前电容电压为零。把开关由触点 1 合至触点 2，求 $u_C(0_+)$、$u_C(\infty)$、τ 并给出电压 u_C 的过渡过程。

4－6　如图 4.20 所示，开关合在 1 时为前一稳态同，开关在 $t=0$ 时合到 2 位置，求 $u_C(0_+)$、$u_C(\infty)$、τ 以及 $u(t)$ 的过渡曲线方程。

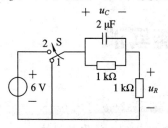

图 4.19　题 4-5 图

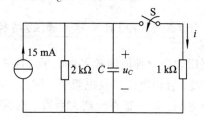

图 4.20　题 4-6 图

4－7　如图 4.21 所示电路，$U_s=10\ \text{V}$，$R_1=2\ \text{k}\Omega$，$R_2=4\ \text{k}\Omega$，$R_3=4\ \text{k}\Omega$，$L=200\ \text{mH}$。开关未打开前，电路已处于稳定状态。在 $t=0$ 时把开关打开。求开关打开后的 $i_L(0_+)$、$i_L(\infty)$、τ，并给出电流 i_L 的过渡过程和电感电压 u_L 的过渡过程。

4－8　如图 4.22 所示电路，开关打开已久，$C=2\ \mu\text{F}$。当 $t=0$ 时开关闭合，求 $u_C(0_+)$、$u_C(\infty)$、τ 并给出电压 u_C 的过渡过程和电容电流 i_C 的过渡过程。

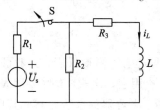

图 4.21　题 4-7 图

图 4.22　题 4-8 图

第 5 章

综合技能实训

本章主要讲述 YX—360TRN 型万用表的电路原理、制作与调校。

5.1 识读万用表的电路图

5.1.1 YX—360TRN 万用表的结构

万用表是一种能测量多种电量，具有多量程的便携式电气测量仪表，一般可测量直流电流，交、直流电压以及电阻值，因此，习惯上称其为三用表。此外，有些万用表还用来测量音频电平、晶体管直流放大系数、电感线圈的电感量、电容器的电容量等，其用途繁多，因而也称万用表、繁用表。

1. 万用表的结构

万用表一般由表头（指示部分）、转换开关及测量电路三部分组成。

（1）表头。指针式万用表表头（指示部分）通常采用高灵敏度磁电系测量机构，其满偏电流一般为几 μA 至几十 μA。满偏电流越小，灵敏度便越高。表头直流电阻一般为几百欧至几千欧。YX—360TRN 型万用表表头满偏电流为 $50~\mu A$。

（2）测量电路。万用表用一只表头测量多种电量，并具有多种量限，其原理是通过测量线路的变换把被测电量交换成磁电系表头所能测量的直流电流。可见，测量电路是万用表的关键组成部分。万用表的测量电路，实际上就是由多量限的直流电流表、多量限的直流电压表、多量限的整流式交流电压表以及多量限的欧姆表等测试线路组成的。

（3）转换开关。转换开关是万用表用来选择不同测量种类和不同量限的切换元件。转换开关一般为有许多固定接触点的活动触头（即转动刀）组成的多刀多掷开关。

2. 公共表头电路简介

万用表测量各种电路参数的公共表头电路（参见图 5.2 中的虚线框）中，电位器 R_1 和电阻 R_{17} 起调节表头电流灵敏度的作用，YX—360TRN 型万用表表头满偏电流为 $50~\mu A$。电容 C_2 和二极管 VD_3、VD_4 对表头起过流、过压保护作用，电位器 R_{25} 和电阻 R_{24} 主要起测量电阻时的电气调零作用。

5.1.2　直流电流测量原理与电流测量量限的扩大

YX—360TRN 型万用表的表头满偏电流为 50 μA，所以采用电阻分流来扩大电流的量限，万用表的直流电流挡实质上就是一个多量限的磁电系电流表。

利用分流电阻扩大和改变直流量限的原理如图 5.1 所示。虚线框内为简化的表头等效电路。

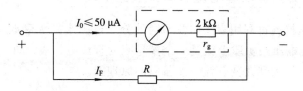

图 5.1　并联电阻扩大电流量程的原理图

扩大电流测量量程的分流原理详见 2.1.3 节。

YX—360TRN 型万用表直流电流挡的线路图如图 5.2 所示。当金属触头接通 50 μA（或 0.1 V）挡位时，被测电流 $I = I_C'$，直流电流直接进入表头电路正极，主流流进表头后从负极流出。当金属触头接通电流其他挡位（如 2.5 mA 挡）时，被测电流 I 分成了两路：一路是电流 I_C 进入表头电路的正极，主流经过表头后从负极流出；另一路电流 I_F 则通过分流电阻（如 R_{10}）直接流到表头电路的负极流出（不经过表头）。

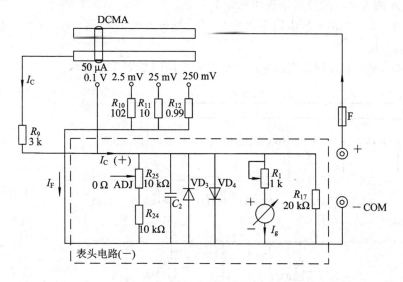

图 5.2　直流电流挡部分线路图

若表头电路等效电阻为

$$r_g = 2 \ (\text{k}\Omega)$$

I_C 经过 $R_9 + r_g$（表头）。当然 I_C 经过表头时已经被 R_{24} 和 R_{25}、R_{17} 分流过，实际为 I_g 了。在图 5.2 中：

2.5 mA 挡，分流电阻为

$$R_{10} = 102 \ (\Omega)$$

25 mA 挡，分流电阻为

$$R_{11} = 10 \ (\Omega)$$

250 mA 挡，分流电阻为

$$R_{12} = 0.99 \ (\Omega)$$

分流电阻越小，流过分流电阻的电流 I_F 越大，虽然经过表头电路的电流 I_C 并没有增大，但允许通过仪表的总电流 $(I_C + I_F)$ 变大了，所以电流表所能测量的电流量限就变大。

5.1.3　直流电压测量原理与电压测量量限的扩大

万用表直流电压挡通过利用表头串联不同的分压电阻来扩大和改变直流电压的量限，所以，万用表的直流电压挡实质上就是一个多量限的直流电压表。图 5.3 为表头通过利用串联不同的分压电阻扩大和改变直流电压量限的原理图。

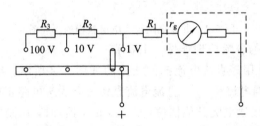

图 5.3　串联分压电阻扩大电压量限原理

扩大电压测量量程的分压原理详见 2.1.3 节。

图 5.3 中，1 V 挡的分压电阻为 R_1；10 V 挡的分压电阻为 $R_1 + R_2$；100 V 挡的分压电阻为 $R_1 + R_2 + R_3$。

YX—360TRN 型万用表直流电压挡部分的线路图如图 5.4 所示。

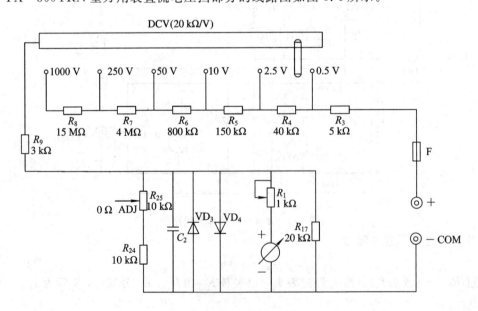

图 5.4　直流电压挡线路图

表头电路能承受的电压为：

$$U_0 \leqslant 50 \ \mu A \times 2 \ k\Omega = 0.1 \ V$$

设所有分压电阻的分压为 U_F，那么分压电阻越大，分压电压 U_F 越大，从而使得仪表所能承受的总电压 $U_0 + U_F$ 就越大，即仪表测量的电压值（即量限）就越大。例如，对于 0.5 V 挡，分压电阻为 $R_3 + R_9$，其分压为 $U_F \geqslant 0.4$ V，以保证 $U_0 + U_F = 0.5$ V；对于 2.5 V 挡，分压电阻为 $R_3 + R_4 + R_9$，其分压应为 $U_F \geqslant 2.4$ V，以保证 $U_0 + U_F = 2.5$ V。其他电压挡位以此类推。

5.1.4 交流电压测量原理

万用表的表头为磁电系结构，只能测直流，因此测量交流电压时，首先要把交流电进行整流，磁电系表头配上整流器，电压测量原理与直流电压测量原理相同，这样就变成了多量程的整流系交流电压表了。

通常万用表采用两只整流二极管构成半波整流电路，整流原理如图 5.5 所示。当被测电压为正半周时，A 端为 +，B 端为 −，整流二极管 VD_1 导通 VD_2 截止，表头通过电流；当被测电压为负半周时，A 端为 −，B 端为 +，VD_1 截止，VD_2 导通，电流从 VD_2 旁路过去了，表头不通过电流。这样一来，表头通过的电流便为经过半波整流后的单方向电流了。表头通过的电流波形如图 5.6 所示。VD_1、VD_2 在正负半周中轮流导通，保证电流从表头电路的正极流进，负极流出。

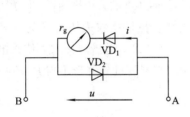

图 5.5 半波整流器原理

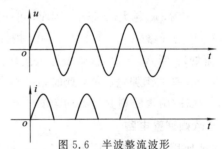

图 5.6 半波整流波形

YX—360TRN 型万用表交流电压挡部分的电路图如图 5.7 所示。其扩大量程的分压原理与直流电压表相同。

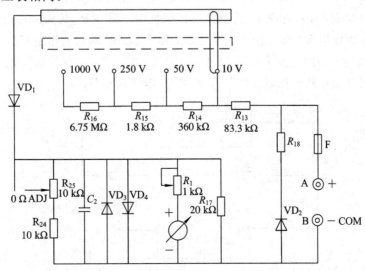

图 5.7 交流电压挡部分电路原理图

5.1.5 电阻的测量

万用表的电阻挡实质上就是一个多量限的欧姆表。

1. 欧姆表测量电阻的原理

欧姆表测量电阻的原理如图 5.8 所示。图中 U_s 为干电池，它与表头及内阻 R 相串联。A、B 分别为万用表的"红"、"黑"表笔，R_X 为被测电阻，由图可见：

$$I = \frac{U_s}{R + R_g + R_X} = \frac{U_s}{R_i + R_X} \tag{5-1}$$

式中：$R_i = R + R_g$。

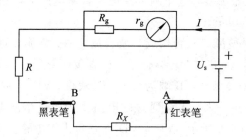

图 5.8　电阻测量原理

当 U_s 一定时，R_X 越大，I 越小。因而，可通过表头指针的偏转角度的大小来测量 R_X 的大小。

当 A、B 为开路（$R_X = \infty$）时，$I = 0$，指针不偏转，欧姆表指针指在表头刻度为"∞"处（即零电流处）。当 A、B 短路（两表针短接）时，$R_X = 0$，$I_m = U_s/R_i$，适当选择 R_i，使该电流值刚好等于表头的满偏电流值，此时指针指在表头电阻挡"0"刻度处。由于 I 与 R_X 不成线性关系，所以欧姆表的刻度是不均匀的。

2. 零欧姆调整电路

干电池使用过久或存放时间过长，会使其端电压 U_s 降低，从而会使测量结果产生较大的偏差。为了减小测量误差，必须使用零欧姆调整电路。通常采用的分压式零欧姆调整电路原理如图 5.9 所示。图中 R_0 为调零电位器，R_0 的一部分串入分流电路（与 R_s 串联），另一部分串入表头电路（与 r_g 串联），当电池电压降低时，调节 R_0 触头向右滑动，使串入表头的电阻减少，而使串入分流电路的电阻增大，即 I_2 减小。两者的作用都是使当 U_s 减小导致 I_1 减小时，流过表头的电流 I_g 不致减小（即在 A、B 短接时，保持流过表头的电流等于满偏电流，使指针指在欧姆挡刻度"0"处，称之为"电气调零"）。

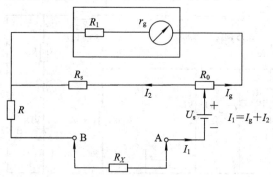

图 5.9　分压式零欧姆调整电路原理图

3. 欧姆挡中心电阻值 R_T 的意义

由

$$I=\frac{U_s}{R_i+R_X}$$

当 $R_X=0$ 时

$$I=\frac{U_s}{R_i}=I_g\text{（满偏电流）}$$

当 $R_X=R_i$ 时

$$I=\frac{U_s}{2R_i}=0.5I_g$$

可见，中心电阻值 R_T 实质上就是欧姆表的总内阻。

当欧姆表指针指在 R_T 附近时，所测得的电阻值较准确。

4. 电阻挡量限的扩大

由于欧姆表刻度的不均匀性，使得欧姆表的测量范围极限在 $R_T/10\sim10R_T$ 之内。在此范围之外，例如当 $R_X\gg R_T$ 时，标尺刻度稠密，无法准确读出被测的电阻值。比如，用 R×1 挡测阻值在 20 Ω 左右的电阻较准确，而用此挡测阻值为 50 kΩ 左右的电阻时，则表针几乎不偏转。因此，不能只用一个电阻挡来测量各个不同阻值范围的电阻，所以，扩大电阻挡的量限是十分必要的。

扩大电阻挡量限的具体方法是：

（1）保持电池电压不变，通过改变与表头相并联的分流电阻阻值来改变量限，如图 5.10 所示。这一点与扩大电流量程的原理相似。当被测电阻 R_X 较大时，增大分流电阻，以维持表头有足够的电流流过，从而使指针仍能具有较大的偏转角度。YX—360TRN 型万用表电阻挡中，有"×1"，"×10"，"×100"，"×1k"各档，采用的分流电阻分别为 18.5 Ω，200 Ω，2.1 kΩ，34 kΩ，见图 5.10。

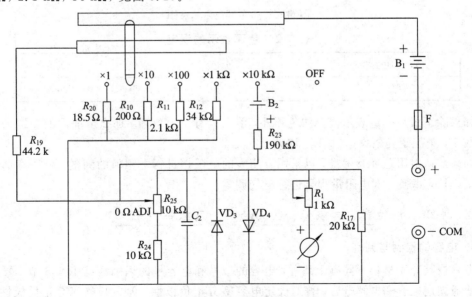

图 5.10　电阻（欧姆）挡电路原理图

（2）提高电源电压。对高电阻挡，采用多电池串联的方法来提高电源电压，使当 R_x 很大时，仍有足够大的电流流过表头以使指针产生足够大的偏转角度。YX－360TRN 型万用表在"×10k"电阻挡采用的就是这种办法，在原电池 3 V 的基础上再串联一个 9 V 的层叠式电池，其电源电压为 3＋9＝12(V)。

5.2　元器件识别与筛选

5.2.1　电阻色环的辨识与电阻的测量

结合表 5.1 色环电阻数值表和图 5.11 带色环电阻示意图，可判断电阻的大小和精度。在图 5.11 中，前面四个色环间距相同，用于表示电阻值的大小。其中第 1、2、3 位的颜色表示电阻数字，第 4 位为倍率（×10ⁿ）。例如前面四个色环的颜色为"棕黄黑-红"，将颜色与表 5.1 对照，数字为"140－2"，表示电阻的大小为"$140×10^2$ Ω"，即 14 kΩ。最后一位即第 5 位表示电阻精度，如果第 5 位为"棕色"，见表 5.2，显然该电阻的误差为 1％。

表 5.1　色环电阻数值表

颜色	黑	棕	红	橙	黄	绿	蓝	紫	灰	白	金	银
数值	0	1	2	3	4	5	6	7	8	9	10^{-1}	10^{-2}

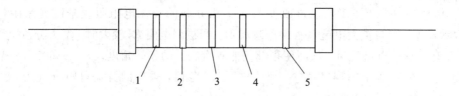

图 5.11　带色环电阻示意图

表 5.2　色环表示的误差

色环颜色	棕色	金色	银色	无色
误差百分比	1％	5％	10％	20％

如果除了最后一道表示误差的色环外，前面只有三道色环，那么最前面的二道表示电阻值数字，第三道为倍率（×10ⁿ）。详见 1.3.3 节。

如果辨认电阻色环有困难，可采用万用表的电阻挡进行电阻值的测量，要注意选择正确的量程挡，每换一次电阻量程要进行电气调零。

5.2.2　电容、电位器、二极管、表头的检测及极性判别

1. 电容的检测与判别

电容按其介质材料不同有十几种，电容的型号和电容量的识别详见 1.6.3 节。要注意分辨普通固定电容和电解电容，普通固定电容不分正负极性，但电解电容有正负极性，不能接错。

　　注意万用表置于电阻挡使用时，电流从黑表笔流出，从红表笔流进。对于被测元件来说，黑表笔端是正极。用万用表"电阻挡"检测电容，正常情况是：接上电容瞬间，指针迅速向右偏转（见图 5.12），然后慢慢向左回落至电阻"∞"处（见图 5.13）。电容量越大，右偏转角越大；电容质量好，不漏电，回落越接近电阻"∞"处。

　　如果接上电容瞬间，表针没有向右偏转，说明电容内部有开路故障。如果指针向右偏转后慢慢向左回落时不能回到电阻"∞"处（见图 5.14），说明电容漏电，电阻越小漏电越严重。

　　（1）检测有极性电解电容器时，要将黑表笔端接电容正极引脚，红表笔端接电容负极引脚。测量电容量较大的电容器时，万用表电阻挡应置于"R×1k"挡。

　　（2）检测小容量电容器时，万用表电阻挡应置于"R×10k"挡。由于电容量小，充电现象不太明显，测量时表针向右偏转的角度不大，如果电容量更小，无法看出充电现象，只能观察是否存在漏电故障。

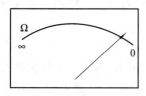
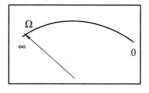
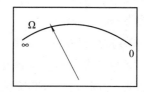

图 5.12　指针迅速右偏　　　　图 5.13　指针回落　　　　图 5.14　指针不能回落至"∞"处

2. 二极管的检测与判别

　　二极管安装焊接要注意其极性，通常有黑线（或白线）标志的一端是负端，或引脚端子线短的那一极是负端。

　　用万用表判断（检测）二极管好坏的简易方法：将万用表电阻挡置于"R×1k"挡测量二极管，将黑表笔端接二极管正极引脚，红表笔端接二极管负极引脚（见图 5.15），测量二极管正向电阻。如果电阻为几 kΩ 或更小，且表针指示稳定，说明二极管正向正常；如果表针左右微小摆动，说明二极管热稳定性差；如果表针在电阻"∞"端，说明二极管已开路；如果电阻为几十 kΩ，说明二极管性能差。

　　测量二极管反向电阻（见图 5.16），正常情况反向电阻在几百 kΩ 甚至更大，愈大愈好，且表针指示稳定。如果反向电阻只有几 kΩ，说明二极管已被击穿，已失去单向导电性。

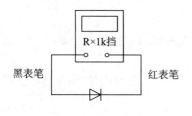
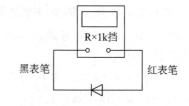

图 5.15　测正向电阻　　　　　　　　　图 5.16　测反向电阻

3. 电位器

　　YX—360TRN 型万用表电路里有两个电位器，R_1 为表头灵敏度的调试用电位器，R_{25} 为电气调零用电位器。电位器是一个故障发生率比较高的元器件，焊接时间过长或使用不当均容易造成故障，可采用阻值测量的方法进行检测。

4. 表头的检验

表头的检验可采用万用表电阻挡的"R×1 k"挡，将黑表笔端接表头"＋"极，红表笔端接表头"－"极，若表针向右边偏转，说明表头没有问题，是可以使用的。

5.3　元器件的焊接与安装

5.3.1　万用表装配用的工具与设备

1. 常用工具

常用的工具有：40 W～60 W 内热式电烙铁、焊锡丝、烙铁架、烙铁清洁棉、助焊剂；尖嘴钳、平口钳、斜口钳、剥线钳、镊子；一字螺钉旋具、十字螺钉旋具、锉刀、剪刀以及吸焊器(枪)。

2. 常用仪器仪表设备

常用仪器仪表及设备有：稳压电源、精度为 1.5 级的标准万用表(或为 1.5 级标准直流电压表、电流表，标准交流电压表)、万用表、标准电阻箱、正弦信号发生器以及电阻(30 Ω、2 W，1 kΩ、1 W，5 kΩ，30 kΩ 各 1 个)。

5.3.2　元器件的焊接安装

1. 焊接安装前的准备

焊接元件至线路板上时，先将要焊接的元器件筛选出来，按照印制电路板插孔孔距要求，对元器件引脚进行整形(见图 5.17 所示)，然后将筛选好的元件别在纸上，并在该纸旁边记录其符号标记和参数。采用手工焊接时，建议一次只插入孔中一个元件，检查无误后焊接该元件，最后剪切引脚。

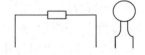

图 5.17　元件引脚整形

元件的焊接顺序最好是由低到高、由小到大，依次插一个焊一个，元件尽量贴住线路板。焊接二极管时要注意引脚的正负极位置。手工装配的工艺流程是：

筛选元件 → 引脚整形 → 插件 → 焊接 → 剪切引脚 → 检验

2. 手工焊接的操作步骤(对于热容量较大的焊件)

(1) 将 40 W～60 W 的电烙铁预热，将某元件插入印制电路板对应的孔中，引脚要求与印制电路板垂直。

(2) 左手拿焊锡丝，右手拿预热好的电烙铁，将电烙铁头对准欲焊的元件引线脚与线路板金属电路焊盘部位加热。

(3) 将焊锡丝触碰到该部位 1～3 秒，视焊锡熔化程度定。

(4) 迅速拿开焊锡丝和烙铁。

要求焊点光滑，呈圆锥形或半球形，焊锡量恰当，元件及放置位置正确，线路畅通(或排除了故障)。

注意：对于热容量较小的焊件，应将焊锡丝和烙铁同时对准欲焊的元件引线脚与线路板金属电路焊盘部位焊接，然后同时拿开。

焊接时注意经常清洁电烙铁。烙铁用过一段时间后，烙铁头会逐渐氧化变黑，就会沾不上锡，此时需用布砂纸擦掉氧化物。焊接时，注意掌握烙铁温度，防止"烧死"。即在烙铁通电 2～3 小时后，应切断电源让烙铁冷却一下，然后再通电使用。注意人身和仪器设备的安全，不要将烙铁头碰到人、仪器、桌面，尤其注意不要烧到仪器设备和电烙铁的电源线。焊接完成后或下班离开时，要拔掉电烙铁的电源线。

清洁处理过的金属导体表面，在加热焊接时，金属导体表面会被氧化而形成一层氧化膜，妨碍金属表面良好熔合，使用焊剂(如松香)可除掉金属表面氧化物。

3. 焊接注意事项

焊接时应注意以下几点：

(1) 保持焊接处清洁，露出新的金属层。

(2) 要适当控制焊接温度和焊接时间，温度过低或焊接时间过短易形成"虚焊"；反之，温度过高或焊接时间过长，焊锡容易流散，牢固度差，且容易烧坏元件和印制板上的电路铜焊盘。

(3) 焊点的锡量要适中。锡量过少，焊接不牢固；锡量过多，焊锡内部可能焊不透，且易导致小距离元件之间发生短路。

(4) 刚焊好的焊点焊锡不会立即凝固，切勿移动被焊的元件或导线，否则会影响焊接质量。

4. 其它元器件的装配

其它元器件的装配要根据产品的装配图进行，并注意以下事项：

(1) 检查保险丝是否断开，电池是否安装正确。

(2) 电位器是特别容易损坏的元件，焊接时间不宜过长，焊锡不宜太多，调节好应放置的位置。

(3) 拨动开关在安装时要注意对准位置，注意弹簧片的放置。

(4) 保险丝和线路板固定脚安装焊接时注意位置、焊锡的用量等，应保证牢固又不影响整个仪表的安装。

(5) 表头和电源线路焊接安装时要注意正负极位置。

5.3.3 万用表的通电检查与故障排除

万用表装配好，将电池安装后，要进行通电检查，对每个电阻挡进行零欧姆调节。如果发现某个挡位不通或整个仪表指针不动，说明焊接、安装时有如下故障的可能性：虚焊、接触不良，保险丝及某元件烧坏或某元件损坏，元器件位置错误等。遇到上述故障，要进行故障排除。

1. 整个仪表指针不动作时的故障排除

(1) 检查元器件位置是否错误，表头、电源线、二极管的正负极位置是否有误。

(2) 检查虚焊、接触不良：

① 将不光滑的焊点重新焊接。

② 检查容易接触不良的拨动开关、活动导线等。

(3) 检查是否有元件烧坏或损坏，检测容易坏的元件如保险丝、电位器等。

(4) 如果上述都没有问题，就得根据电路图逐个元件排查故障，重点是公共部分的电路（如表头电路）。

2. 只有某个挡位不通或不准时的故障排查

这种情况说明公共电路没有问题，只需做局部检查。

(1) 先查看这一故障挡位的拨动开关接触是否良好。

(2) 根据电路图查看该挡位是否有虚焊、接触不良、某元件烧坏或某元件损坏、元器件位置错误等。

故障排除后，必须对仪表基准点灵敏度进行调试，且对仪表每个挡位进行校验，调校后有时还会发现某些挡位误差太大，原因一般有两种：

(1) 装错元件。

(2) 某些元件误差太大，需更换。

5.4 YX-360TRN 万用表灵敏度的调试

万用表的表头电路是测量电路的公共部分，需要进行如下调试：

(1) 表头机械调零。

(2) 基准点灵敏度调试。

一般以直流电流最小量程挡作为调准万用表灵敏度的基准点。表头满偏转电流为 $50~\mu\text{A}$，表头两端电压为 $0.1~\text{V}$，则表头总电阻 R_r 为

$$R_r = \frac{0.1}{50 \times 10^{-6}} = 2(\text{k}\Omega)$$

调校电流灵敏度电路的连接见图 5.18。将可调直流稳压电源和学生自己安装的万用表（称被测表）、准确度等级为 1.5 级的标准表、分压电阻（亦称限流电阻，$R=1~\text{k}\Omega\sim5~\text{k}\Omega$）等按图 5.18 接线连接。

测试方法：将学生自己安装的万用表（称被测表）和标准表均选择在"$50\mu\text{A}$ 直流电流"挡，与直流稳压电源串联，然后调节直流稳压电源，使标准表显示在 $40\mu\text{A}$ 位置，观察被测表的指示值。如果被测表也显示为 $40\mu\text{A}$，则说明制作的仪表电流灵敏度达到要求。

图 5.19 所示为表头电路的局部，如果被测表显示值没有达到 $40~\mu\text{A}$，应调节电位器 R_1，通过调节 R_1 来改变 I_g。如果还是调不到 $40~\mu\text{A}$ 位置，就要根据分流原理来改变 R_{17} 的大小了。根据分流原理可知，如果指针超过 $40\mu\text{A}$ 位置，说明流过表头的电流 I_g 大了，应减小。显然可通过加大电流 I_2 来减小 I_g，所以减小电阻 R_{17} 就可加大电流 I_2，从而减小 I_g。

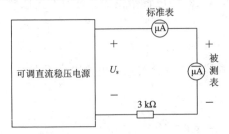

图 5.18　调校电流灵敏度电路图

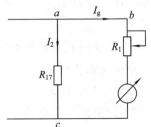

图 5.19　表头局部电路

如果指针达不到 $40\ \mu A$ 位置，说明流过表头的电流 I_g 小了，应增大。显然可通过减小电流 I_2 来增加 I_g，所以增大电阻 R_{17} 就可减小流过它的电流 I_2，从而增大 I_g。

全部调好后，就不要再动电位器 R_1 和电阻 R_{17} 了。

5.5　万用表精度的校验

5.5.1　万用表的精度

仪表的精度也叫仪表的准确度，一般电工仪表的精度等级如表 5.3 所示。

表 5.3　电工仪表的精度等级

精度等级	0.1	0.2	0.5	1.0	1.5	2.5	5.0
引用相对误差 绝对值应小于/%	±0.1	±0.2	±0.5	±1.0	±1.5	±2.5	±5.0

由此可见，电工仪表的最高精度为 0.1 级。万用表精度一般在 1.0 级至 5.0 级之间。YX－360TRN 型万用表精度标准为 5.0 级。用来校验万用表的标准表其精度至少应比被校验表高 1～2 级。

精度等级 K 定义为

$$\pm K\% = \frac{绝对误差最大值}{该挡量限} \times 100\%$$

万用表组装完后，必须经过校验，使各挡的精度达到设计的要求。

以直流电流某挡为例，测试线路如图 5.20 所示。图中 U_s 为直流稳压电源，I_0 为标准表电流测量值，I_X 为被测表电流测量值，则每个刻度上的绝对误差为 $\Delta I = I_X - I_0$，取被校点中绝对误差的最大值 ΔI_{max}，则被测万用表该直流电流挡的准确度等级（也称最大引用误差）K 为

$$\pm K\% = \frac{\Delta I_{max}}{I_m} \times 100\%$$

式中：I_m 为被测表在该挡的量程。

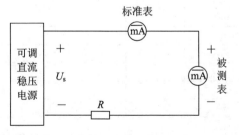

图 5.20　校验直流电流挡电路图

5.5.2　直流电流挡的校验

校验仪表的目的，首先可以检查出每个挡位是否正常工作，在正常工作的前提下，看是否能达到仪表准确度的要求。

按图 5.20 接线，万用表分别先后放置在 2.5 mA 挡位（串电阻 $R=1$ kΩ 左右），25 mA 挡位（串电阻 $R=1$ kΩ、1 W），250 mA 挡位（串电阻 $R=100$ Ω、8 W）进行校验。

校验各直流电流每一挡时，标准表也应放置在相应的直流电流挡上，按国标每挡位应取十个点以上进行校验，在这里我们仅要求每挡至少校验三个点以上，如表 5.4 所示。调节直流稳压电源，使标准表的读数达到表 5.4 所标示的数字。注意测量每个挡位时，其校验电路中的限流电阻 R 不同，再从被测的 YX－360TRN 型万用表读取测量数据，记入表 5.4 中，由表中每挡的最大引用误差确定该挡位准确度等级。若不符合要求，可调节万用表电流测量线路中相应挡位的分流电阻。

表 5.4　直流电流挡的校验（YX－360 TRN 型万用表）

挡位 I_m	标准表 读数 I_0	被测表 读数 I_x	绝对误差 $\Delta I=I_x-I_0$	引用误差 $\pm K\%=\dfrac{\Delta I}{I_m}\times100\%$	精度
2.5 mA 挡 （串联 5 kΩ 电阻）	1.0 mA				
	2.2 mA				
	2.4 mA				
25 mA 挡 （串联 1 kΩ、1 W 电阻）	10 mA				
	23 mA				
	25 mA				
0.25 A 挡 （串联 30 Ω、2 W 电阻）	0.10 A				
	0.22 A				
	0.24 A				
直流电流挡的准确度（等级）					

注：如果采用 MF47 型或其它型的万用表，表 5.4 应根据其相应的电流挡位来确定校验点，见表 5.4（附表）。

表 5.4（附表）　MF47 型万用表直流电流挡的校验

挡位 I_m	标准表 读数 I_0	被测表 读数 I_x	绝对误差 $\Delta I=I_x-I_0$	引用误差 $\pm K\%=\dfrac{\Delta I}{I_m}\times100\%$	精度
0.5 mA 挡	0.3 mA				
	0.4 mA				
	0.5 mA				
5 mA 挡	3.5 mA				
	4 mA				
	5 mA				
50 mA 挡	30 mA				
	45 mA				
	50 mA				
500 mA 挡	350 mA				
	450 mA				
	500 mA				
DC mA 准确度等级					

5.5.3 直流电压挡的校验

1. 直流电压挡的校验

按图 5.21 接线，被测万用表分别先后放置在 2.5 V、10 V 各直流电压挡上(其余挡位依此类推，略)，标准表也先后放置在相应的直流电压各挡上，调节可变直流稳压电源，使标准表的读数达到表 5.5 所标示的数字，再从被测的 YX－360TRN 型万用表读取测量数据，记入表 5.5 中，由表中每挡的最大引用误差确定该挡位准确度等级。若不符合要求，可调节万用表电压测量线路中相应挡位的分压电阻。

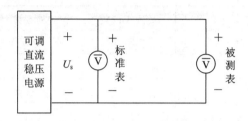

图 5.21 校验直流电压电路图

表 5.5   YX－360 型和 MF47 型万用表直流电压挡的校验

挡位 I_m	标准表 读数 U_0	被测表 读数 U_X	绝对误差 $\Delta U = U_X - U_0$	引用误差 $\pm K\% = \dfrac{\Delta U}{U_m} \times 100\%$	精度 K
1 V 挡	0.8 V				
	0.9 V				
	1.0 V				
2.5 V 挡	1.0 V				
	2.2 V				
	2.4 V				
10 V 挡	5 V				
	8 V				
	10 V				
50 V 挡	25 V				
	28 V				
	30 V				
DC V 准确度等级					

注：因大多数直流稳压电源最大输出电压只有 30 V，校验直流大电压受局限。

如果采用 MF47 型或其它型的万用表，表 5.5 应根据其相应的电压挡位来确定校验点。

2. 交流电压挡的校验

交流电压挡的校验方法与直流电压挡的校验相同(略)，电源分别采用正弦信号发生器和工频电，配置可调变压器。

5.5.4 电阻挡的校验

将被测万用表装上电池，测试时注意每换一电阻挡都要先进行零欧姆调节(即电气调零)。若调节零欧姆调节旋钮，指针不能指在零欧姆位置上，则可能是电池电压不足，应更换电池。接线方式见图5.22。

如图5.22所示，测试时，取标准电阻箱电阻分别为20 Ω，200 Ω，2 kΩ，20 kΩ 及 200 kΩ，分别将被测表置于相应的电阻档：R×1，R×10，R×100，R×1k，R×10k 五个挡位，把被测万用表电阻挡测量的结果记录在表5.6中。若精度等级不合要求，可根据误差情况检查 R_{20}、R_{10}、R_{11}、R_{12} 或 R_{19}、R_{23} 各电阻元件，必要时更换有关电阻元件，直到精度符合要求为止。

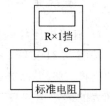

图5.22　校验电阻

表5.6　电 阻 挡 校 验

电阻挡位	标准电阻箱电阻值 R_0	被测表读数 R_X	绝对误差 $\Delta = R_X - R_0$	相对误差 $\Delta/R_0 \times 100\%$
×1	20 Ω			
×10	200 Ω			
×100	2 kΩ			
×1k	20 kΩ			
×10k	200 kΩ			

如果没有标准电阻箱，可选取电阻误差小于或等于1.5%的其它电阻元件作为标准电阻，如色环电阻（表示精度的颜色为棕色即可）。这里我们仅要求每挡校验一个电阻值：

×1挡，在15～25 Ω 范围内取一电阻值；

×10挡，在150～250 Ω 范围内取一电阻值；

×100挡，在1.5 k～2.5 kΩ 范围内取一电阻值；

×1 k挡，在15 k～25 kΩ 范围内取一电阻值；

×10 k挡，在150 k～250 kΩ 范围内取一电阻值。

所有测量挡位调校后如果发现某些挡位误差太大，在相应的挡位检查原因：

（1）是否装错元件。

（2）是否某些元件误差太大，需更换。

5.6　实训报告编写指导

实训报告的主要内容由如下几部分组成：

（1）叙述 YX-360TRN 型万用表的电路工作原理（附电路图）。

（2）仪表制作过程：

① 元器件的识别、筛选（附元件明细表）；

② 元器件的焊接、安装。

（3）表头灵敏度的调试过程与调试线路图。

（4）各挡位的校验电路图和校验记录数据表。

（5）排除故障小结，见表5.7。

表 5.7 故障排除记录表

故障名称或现象	分析故障原因	排除故障方法
1.		
2.		
3.		

（6）组装调校万用表的收获体会。

5.7 YX－360TRN 万用表电路图

YX－360TRN 万用表的电路图如图 5.23 所示。要求识读电路图，指出当开关接通任一挡位时，其电流的走向路径以及各元件的作用。

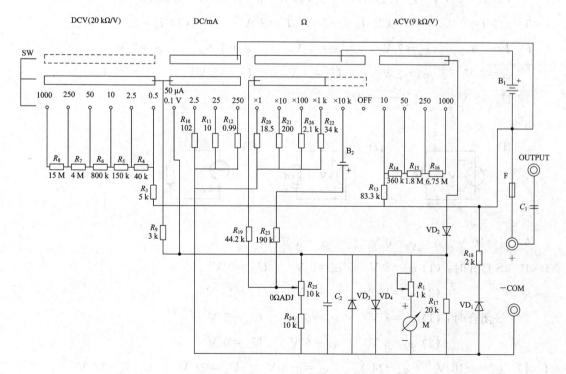

图 5.23 YX－360TRN 万用表的电路图

附 录

练习题答案

第1章 练习题1

1-1　(1) $U=5$ V　　(2) $U=-5$ V　　(3) $U=5$ V　　(4) $U=-5$ V

　　　(5) $I=4$ mA　　(6) $I=-4$ mA　　(7) $I=-0.2$ A　　(8) $I=0.2$ A

1-2　(1) $I=0.4$ A　　(2) $I=-1$ A　　(3) $U=20$ V

1-3　(1) $P_R=\dfrac{16}{5}=3.2$ W　　　　(2) $P_R=25\times5=125$ W

1-4　(1) $I=1$ A　　$U=20$ V　　(2) $I=-1$ A　　$U=-20$ V

　　　(3) $U=5$ V　　$I=0.25$ A　　(4) $U=5$ V　　$I=0.25$ A

1-5　(1) $I=5$ A　　(2) $I_1=-5$ A　$I_2=8$ A　　(3) $I_E=2.005$ A

1-6　$I=0$ A　　　$\varphi_a=7$ V　　$\varphi_d=7$ V　　$\varphi_b=7$ V　　$\varphi_e=7$ V

　　　$\varphi_c=4$ V　　$\varphi_f=2$ V　　$U_{bc}=3$ V　　$U_{cf}=2$ V

1-7　$U_{db}=2$ V　　　$U_{ac}=-5$ V

1-8

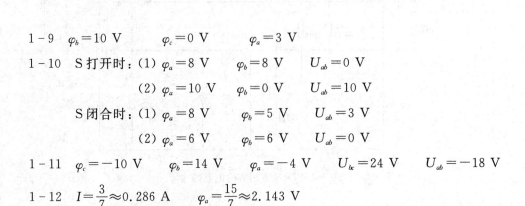

(1)　　　　　　　　(2)　　　　　　　　(3)

1-9　$\varphi_b=10$ V　　　$\varphi_c=0$ V　　　$\varphi_a=3$ V

1-10　S打开时：(1) $\varphi_a=8$ V　　$\varphi_b=8$ V　　$U_{ab}=0$ V

　　　　　　　(2) $\varphi_a=10$ V　　$\varphi_b=0$ V　　$U_{ab}=10$ V

　　　S闭合时：(1) $\varphi_a=8$ V　　$\varphi_b=5$ V　　$U_{ab}=3$ V

　　　　　　　(2) $\varphi_a=6$ V　　$\varphi_b=6$ V　　$U_{ab}=0$ V

1-11　$\varphi_c=-10$ V　　$\varphi_b=14$ V　　$\varphi_a=-4$ V　　$U_{bc}=24$ V　　$U_{ab}=-18$ V

1-12　$I=\dfrac{3}{7}\approx0.286$ A　　　$\varphi_a=\dfrac{15}{7}\approx2.143$ V

1-13　$I=0.5$ A，$U_{ab}=7.5$ V

　　　　U_{s1}消耗(电流与电压为关联方向)的功率：$P_{s1}=2.5$ W

　　　　U_{s2}提供(电流与电压为非关联方向)的功率：$P_{s2}=5$ W

　　　　电阻消耗的功率：$P_{R1}=P_{R3}=0.25$ W　　　　$P_{R2}=P_{R4}=1$ W

1-14　$U=4$ V　　　$I_1=\dfrac{2}{3}$ A　　　$I_2=\dfrac{4}{3}$ A

　　　　电阻消耗的功率：$P_{R1}=\dfrac{8}{3}$ W　　　$P_{R2}=\dfrac{16}{3}$ W

　　　　I_{s2}(关联方向)消耗功率：$P_{s2}=4$ W　　　I_{s1}(非关联方向)提供的功率：$P_{s1}=12$ W

1-15　1 k　　　10　　　100

1-16　80 mV　　　20 V　　　4 V

1-17　0.2 mV　　　-0.2 mV　　　1‰

1-18　4‰　　　1.5

1-19　因满量程为 10 mV 的表绝对误差$\leqslant 0.15$ mV，满量程为 50 mV 表的绝对误差$\leqslant 0.5$ mV，所以采用前者测量 9 mV 电压更准确。

1-20　B)

1-21　A)

1-22　$I=0$ A　　　　$U_C=10$ V

1-23　$I=\dfrac{1}{3}$ A　　　　$U_L=0$ V

第 2 章　练习题 2

2-1　(a) 1120 Ω　　　(b) $\dfrac{6}{11}\approx 0.545$ Ω　　　(c) 9 Ω　　　(d) R_1+R_3

　　　(e) $\dfrac{6}{11}$ Ω　　　(f) 5 Ω　　　(g) 4 Ω

2-2　$U=6$ V

2-3　$U_{ab}=6$ V

2-4　$R_2=\infty$(断开)

2-5　$I_1=5$ A　　　$R_{ab}=10$ Ω　　　$G_{ab}=0.1$ S

2-6　$I_2=1$ A　　　$U_{ab}=10$ V

2-7　$I=0.6$ A　　　$U_{ab}=0.8$ V

2-8　$I_1=1.5$ A　　　$I_2=0.75$ A　　　$I_3=0.5$ A　　　$R_{ab}=\dfrac{60}{11}$ Ω≈ 5.45 Ω

2-9　$R_{ab}=70.88$ Ω　　　$I=0.31$ A　　　$I_1=0.2325$ A　　　$U_{da}=1.049$ V　　　$U_{be}=18.6$ V

2 - 10

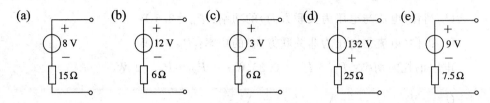

2 - 11

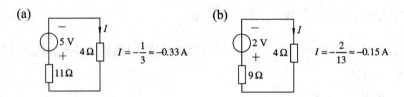

(a) $I = -\dfrac{1}{3} \approx -0.33\ \text{A}$

(b) $I = -\dfrac{2}{13} \approx -0.15\ \text{A}$

(c) $I = -\dfrac{4}{9} \approx 0.44\ \text{A}$

2 - 12 当 $R_\text{L} = 4\ \Omega$ 时，R_L 获得最大功率 $P_\text{max} = 1\ \text{W}$

2 - 13 $I_1 = 1.4\ \text{A}$ $\quad$ $I_2 = 0.95\ \text{A}$ $\quad$ $U_1 = 4.2\ \text{V}$

2 - 14 $I_1 = 2\dfrac{1}{3}\ \text{A}$ $\quad$ $I_2 = -\dfrac{2}{3}\ \text{A}$ $\quad$ $I_3 = 1\dfrac{2}{3}\ \text{A}$ $\quad$ $U = 7\ \text{V}$

2 - 15 (a) $I_1 = -1\ \text{A}$ $\quad$ $I_2 = 2\ \text{A}$

$\quad$ (b) $I_1 = 4.5\ \text{A}$ $\quad$ $I_2 = 0.5\ \text{A}$ $\quad$ $I_3 = 5\ \text{A}$

2 - 16 (a) 选 d 点为参考点，$U_a = U_1$ $\quad$ $U_b = U_2$ $\quad$ $U_c = U_3$

$\quad\quad$ 则 $\quad$ $U_1 = 12\ \text{V}$ $\quad$ $U_2 = 8\ \text{V}$ $\quad$ $U_3 = 6\ \text{V}$

$\quad\quad\quad$ $I_1 = 2\ \text{A}$ $\quad$ $I_2 = 1\ \text{A}$ $\quad$ $I_3 = 1\ \text{A}$ $\quad$ $I_4 = 2\ \text{A}$ $\quad$ $I_5 = 3\ \text{A}$

$\quad$ (b) 选 a 点为参考点，$U_b = U_1$ $\quad$ $U_c = U_2$ $\quad$ $U_d = U_3$

$\quad\quad$ 则 $\quad$ $U_1 = \dfrac{56}{17} = 3\dfrac{5}{17}\ \text{V}$ $\quad\quad$ $U_2 = 24\ \text{V}$ $\quad\quad$ $U_3 = -\dfrac{72}{17} = -4\dfrac{4}{17}\ \text{V}$

$\quad\quad\quad$ $I_1 = \dfrac{56}{17} = 3\dfrac{5}{17}\ \text{A}$ $\quad\quad$ $I_2 = \dfrac{32}{17} = 1\dfrac{15}{17}\ \text{A}$ $\quad\quad$ $I_3 = \dfrac{88}{17} = 5\dfrac{3}{17}\ \text{A}$

$\quad\quad\quad$ $I_4 = \dfrac{36}{17} = 2\dfrac{2}{17}\ \text{A}$ $\quad\quad$ $I_5 = \dfrac{20}{17} = 1\dfrac{3}{17}\ \text{A}$

2 - 17 $I \approx 0.74\ \text{A}$

2 - 18 $I_1 = \dfrac{96}{13} \approx 7.38\ \text{A}$ $\quad\quad$ $I_2 = \dfrac{60}{13} \approx 4.62\ \text{A}$ $\quad\quad$ $I_3 = \dfrac{36}{13} \approx 2.77\ \text{A}$

$\quad\quad$ $I_4 = \dfrac{24}{13} \approx 1.85\ \text{A}$ $\quad\quad$ $I = \dfrac{12}{13} \approx 0.92\ \text{A}$

第3章 练习题3

3-1 $u=310\sin\left(200\pi t+\dfrac{\pi}{6}\right)$ (V)

3-2 $I_m=10$ A $\omega=314$ rad/s $f=50$ Hz $\varphi_i=-\dfrac{\pi}{6}$

3-3 $i=7.07\sqrt{2}\sin\left(200\pi t-\dfrac{\pi}{4}\right)$ (mA)

3-4 $U_{Am}=311$ V $U_{Bm}=211$ V $U_A=\dfrac{311}{\sqrt{2}}$ V $U_B=\dfrac{211}{\sqrt{2}}$ V $\varphi_A=0$ $\varphi_B=-\dfrac{\pi}{3}$

$\omega=3140$ rad/s $f=500$ Hz $T=0.02$ (s) $\varphi_A-\varphi_B=\dfrac{\pi}{3}$

3-5 (1) $\dot{U}=100\underline{/25°}$ V (2) $\dot{I}_1=10\underline{/90°}$ A (3) $\dot{I}_2=5\underline{/0°}$ mA

3-6 (1) $u=200\sqrt{2}\sin(\omega t-60°)$ (V) (2) $u=220\sqrt{2}\sin(\omega t+120°)$ (V)

(3) $i=12\sqrt{2}\sin(\omega t+90°)$ (A) (4) $i=3\sqrt{10}\sin(\omega t-63.4°)$ (A)

3-7 (1) j8 (2) $10+j10\sqrt{3}=10+j17.32$ (3) $-j6$

(4) $-110-j110\sqrt{3}$ (5) $3.1+j11.6$

3-8 (1) $7.21\underline{/56.3°}$ (2) $5\underline{/126.9°}$ (3) $8.06\underline{/-150.3°}$

(4) $36.06\underline{/-56.3°}$ (5) $20\underline{/36.87°}$

3-9 (1) $14+j14$ (2) $2-j2$ (3) $100\underline{/90°}=j100$ (4) $1\underline{/-16.26°}$

3-10 (1) $-4.66-j1.928$ (2) $12.66-j11.928$ (3) $80\underline{/90°}=j80$ (4) $0.8\underline{/-210°}$

3-11 $U=35.36$ V $u(t)=50\sin\left(314t+\dfrac{\pi}{6}\right)$ (V) $P\approx125$ W

3-12 $\dot{I}_L=-j5$ (A) $i_L(t)=5\sqrt{2}\sin(300t-90°)$ (A) $Q_L\approx601.1$ var

3-13 $\dot{I}_C=2.67\underline{/90°}=j2.67$ (A) $i_C(t)=3.77\sin(314t+90°)$ (A)

3-14 (1) $Z=100\sqrt{2}\underline{/45°}$(Ω)

(2) $\dot{I}=\dfrac{\sqrt{2}}{2}\underline{/-15°}$(A) $\dot{U}_1=14.42\underline{/63.7°}$(V) $\dot{U}_2=70.7\underline{/38.13°}$(V)

(3) $i(t)=\sin(\omega t-15°)$ (A)

(4) $U=100$ V $U_1=14.42$ V $U_2=70.7$ V

3-15 设电源电压相量为 $\dot{U}_s=220\underline{/0°}$(V)，则：

$\dot{I}=0.367\underline{/-60°}$(A) $\dot{U}_1=110.1\underline{/-60°}$(V) $\dot{U}_2=190.14\underline{/30°}$(V)

3-16 (1) $\dot{I}=1.12\underline{/63.43°}$(A) (2) $\dot{U}_R=44.8\underline{/63.43°}$(V) (3) $\dot{U}_R$ 超前 $\dot{U}63.43°$

3-17　$\dot{I}=13.33\underline{/27.25°}(A)$　　　　　$\dot{U}_R=106.67\underline{/27.25°}(V)$

　　　　$\dot{U}_L=293\underline{/117.25°}(V)$　　　　$\dot{U}_C=348\underline{/-62.75°}(V)$

3-18　$Y=j0.0705\ (S)$　　　　$Z=-j14.18\ (\Omega)$

　　　　$\dot{I}=7.05\underline{/90°}(A)$　　　$\dot{I}_C=32.05\underline{/90°}(A)$　　　$\dot{I}_L=25\underline{/-90°}(A)$

3-19　(a) $\dot{I}=4.242\underline{/-15°}(A)$　　　$\dot{I}_1=3\underline{/30°}(A)$　　　$\dot{I}_2=3\underline{/-60°}(A)$

　　　　(b) $\dot{I}\approx10.07\underline{/102.67°}(A)$　　　$\dot{I}_1=3\underline{/30°}(A)$　　　$\dot{I}_2=9.62\underline{/120°}(A)$

3-20　$\dot{I}\approx0.25\underline{/-0.12°}(A)$　　　$\dot{I}_1=0.00158\underline{/-161.57°}(A)$　　　$Y=4.97\underline{/89.88°}(S)$

3-21　真有效值：$U_{正弦波}=20\ V$　　　$U_{方波}=28.28\ V$　　　$U_{三角波}=16.35\ V$

3-22　真有效值：$U_{正弦波}=5\ V$　　　$U_{方波}=4.5\ V$　　　$U_{三角波}=5.175\ V$

3-23　衰减：20 dB 时 $U_o=0.5\ V$　　　40 dB 时 $U_o=0.05\ V$　　　60 dB 时 $U_o=0.005\ V$

3-24　$n=22$

3-25　$n=15$

3-26　$f_0=530.8\ kHz$　　　$Q=100$

3-27　$L=0.54\ mH$　　　$R=16.43\ \Omega$

3-28　(1) $Q=0.01$　　　(2) $Q\approx50$

第4章　练习题4

4-1　(1) $u_C(0_+)=6\ V$　　　$i_C(0_+)=2\ mA$　　　(2) $u_C(\infty)=10\ V$　　　$i_C(\infty)=0\ mA$

4-2　(a) $u_C(0_+)=14\ V$　　　$u_C(\infty)=0\ V$　　　$\tau=0.14\ (ms)$

　　　　(b) $u_C(0_+)=20\ V$　　　$u_C(\infty)=14\ V$　　　$\tau=0.042\ (ms)$

4-3　$u_L(0_+)=-\dfrac{2}{3}\ V$　　　$i_L(0_+)=\dfrac{1}{6}\ A$

4-4　$u_C(0_+)=100\ V$　　　$u_C(\infty)=0\ V$　　　$\tau=0.4\times10^{-4}(s)$　　　$u_C(t)=100e^{-2.5\times10^4 t}(V)$

4-5　$u_C(0_+)=0$　　　$u_C(\infty)=3\ V$　　　$\tau=10^{-3}(s)$　　　$u_C(t)=3-3e^{-10^3 t}(V)$

4-6　$u_C(0_+)=5\ V$　　　$u_C(\infty)=15\ V$　　　$\tau=10^{-3}(s)$　　　$u_C(t)=15-10e^{-10^3 t}(V)$

4-7　$i_L(0_+)=1.25\ mA$　　　$i_L(\infty)=0$　　　$\tau=0.25\times10^{-4}(s)$　　　$i_L(t)=1.25e^{-4\times10^4 t}(mA)$

　　　　取关联参考方向：$u_L(t)=-10e^{-4\times10^4 t}(V)$

4-8　$u_C(0_+)=30\ V$　　　$u_C(\infty)=10\ V$　　　$\tau=\dfrac{4}{3}\times10^{-3}(s)$　　　$u_C(t)=10+20e^{-750\ t}(V)$

　　　　取关联参考方向：$i_C(t)=-30e^{-750t}(mA)$

参 考 文 献

[1] 刘志民. 电路分析. 西安：西安电子科技大学出版社，2002 年.
[2] 曹泰斌. 电路分析基础教程. 北京：电子工业出版社，2003 年.
[3] 胡斌. 元器件及实用电路. 北京：电子工业出版社，2006 年.
[4] 李瀚荪. 电路分析基础. 北京：高等教育出版社，2001 年.
[5] 朱晓萍. 电路分析基础. 北京：电子工业出版社，2003 年.

参 考 文 献